菊池誠×小峰公子

いちから聞きたい放射線のほんとう

いま知っておきたい22の話

絵とマンガ
おかざき真里

筑摩書房

え―― おめでとう つき合うんだ――
じゃ――ん
ひゃ―― いいな―― 指輪
COFFEE
もー結婚したい――
しなよ――
見せてー
子どもとか産みたい――
いいね
あ でも どーなんだろうね

何？
え——と
ほーしゃのー？ほーしゃせん？
あ——
うちの親《オヤ》一時期すげー気にしてたからさ
あったね——
そー言えばよく知らないね——
わかってないよねーうちら
どーなんだろうね？実際
何なんだろうね？
そー言えば

この本を手にとってくれたかたへ

小峰公子

私は福島県に生まれました。実家は郡山市というところにあります。

3年前の3月11日、両親は東京にいて難を逃れたのは不幸中の幸いでしたが、やっと帰省した時のことは忘れられません。砕けて散らばった食器、絵や照明器具は床に落ち、本棚やタンスの戸は全開、給湯器の配管は外れて床には水溜まり。2階のタンスや本棚は全部倒れていました。地震の時、家中一体どんな音がしたのでしょう。郡山でもこれだけの惨状でした。

その上、東京電力福島第一原子力発電所の事故が起きたのです。忘れたくても忘れることができない、容易には消えない傷を、福島だけでなく日本の多くの人が負ってしまいました。

原発事故が報じられると、たちまちのうちに多くの情報が流れ、いろいろなデータが出てきては、様々に「解釈」され、それがよく理解されないままにどんどん拡がっていきました。放射線関係の情報には、これまで知らなかったたくさんのことが出てきて、誰だって戸惑ったに違いありません。英語の文法のように、音楽の楽典のように、放射線にも世界共通の基礎知識があるはずなのに、それを知らないまま、次々と難問をつきつけられたようでした。けれど私には頼れる友人がいました。物理学者の菊池誠さんに、わからないことをメールやチャットでとことん聞きました。科学苦手、基礎知識ゼロの私に、菊池さんは丁寧に答えてくれました。

そのおかげで、いろいろな情報を目にした時、これは信用できるな、これはなにか誤解があるみたい、などとわかるようになってきました。危険なことを避けるために多くの情報を共有したいという気持ちは誰にでもあると思いますが、膨大な情報からどれが適切かを自分で判断でき、以前よりも科学的にものを考える習慣が身についたと感じる場面が多くなりました。そして、こんなにわかりやすい貴重なやりとりを私のPCだけに収めておくのはもったいない、これに加えて、女子のこころをぎゅうっとつかんで離さないおかざき真里さんのステキな絵の力もお借りできたら、科学に馴染みのないかたにも手にとっていただける本ができるんじゃないか、と思ったのです。

放射線や原発問題を取り巻く状況は厳しく、解決には長い時間がかかります。その中で、私たちも子どもたちも多くの情報を判断しながら暮らしていかなくてはなりません。この本が、溢れる情報からの自立のヒントとなり、少しでもみなさんの生活のお役に立てたら嬉しいです。

いちから聞きたい放射線のほんとう

いま知っておきたい22の話

目次

プロローグ　おかざき真里　3
この本を手にとってくれたかたへ　小峰公子　5
自然と科学とわたしたち　12

第一部 放射線ってなんだろう　15

1 みんなつぶつぶでできている——原子と原子核のこと　16
2 放射線はやるせなさエネルギー——α線のこと　35
3 電子ビューン——β線のこと　44
4 光って、つぶつぶ——γ線のこと　49
5 ダイスをころがせ——半減期のこと　57

6 からだのなかの放射性物質——生物学的半減期のこと 70
7 単位と大きさのこと 78
8 ベクレルってなに？ 83
9 ふたつのシーベルト——等価線量と実効線量 90
10 何を測ってるの？——空間線量率 102
11 食べたらどれくらい内部被ばくする？——預託実効線量 108
12 ここまでのまとめ 122

第二部 放射線とわたしたち

129
1 気になっていたことをこの際、聞いてしまおう 130
2 放射線ってどういう影響があるの 138
3 遺伝子と放射線のこと 141

4　放射線とがんのこと　147
5　母親も、将来母親になる人も　154
6　子どもの甲状腺がんのこと　158
7　核実験の時代――むかし降った放射性物質のこと　162
8　まわりにある放射線――自然放射線のこと　166
9　除染してわかったこと　170
10　放射線とわたしたち　176

私が考えるリスク　小峰公子　191

あとがき　菊池誠　196

いちから聞きたい放射線のほんとう

いま知っておきたい22の話

菊池誠
物理学の先生

小峰公子
作詩家・ミュージシャン（zabadak）

自然と科学とわたしたち

東京電力福島第一原発事故のあと突然、知らない言葉がたくさんニュースに出てきて、みんな困ったと思うけど

まだ困り続けてる感じ。「みんなもう放射能関係、基本はわかってるよね？」みたいなのを前提に情報が流れていくし、新聞でも、単位やいろんな言葉をもう説明してくれないから

シーベルトって今は普通に使う言葉になっちゃったけど、知ってた？

全然知りませんでしたよ。Sv？　エスブイってなに？って思いましたもの。私の実家はそのエスブイが年間10ミリシーベルトくらいと言われてました

小峰さんの実家は郡山市の中でも放射性物質の汚染がひどかったところだね

気になって家の中や庭の放射線量をこれまでに4回測りました。家の中でも庭でも場所によってかなり数値が違ってて

その数字を見てどう思った？

除染もしたし、減ってきたことはわかります。でも、そもそも科学というものを知らなすぎたまま、きてしまったことも痛感しました

科学の言葉がこれだけニュースの中に出てきたことはめったになかったから

科学は、人間の思いとか関係ない、自然界の法則を見つけるものなんですよね。放射線のはたらきも

放射線の性質は、人間の希望や好き嫌いでは変えようがないな

身の回りのことは人間がどうにかできるんじゃないかって思っちゃう。でも実は私たちは、人間の思惑ではどうしようもない法則と一緒に暮らしてるってこと、あまり考えたことなかったな。科学って遠いものだと思ってた

ひとくちに放射線の問題って言ってもいろいろあるんだけど、**放射線がどうして出るのかとか、どう減るのかとかは人間の思惑とは関係ない普遍的な物理**の話

普遍的なことは大好物なんだけど

放射線の物理はよくわかってるけれど、放射線が生物に与える影響についてはまだよくわからないこともあるよ

でも、**影響についても、人間の好き嫌いではどうしようもない**んですよね

それも自然の法則だから。だけど、放射線のリスクとどう向き合っていくかは、みんながそれぞれに考えて決めることだよね

そこが一番むずかしそう。まずは基本の「人間には変えようのない放射線について」を理解したいです。もう事故の前に戻すことはできないけれど、これからのためにも

何がはっきりしていて何がまだ曖昧で、これは自分で決めればいいことだ、っていうのがわかるようになればいいんじゃないかな。まず放射線は原子核の中から飛び出してくる粒だっていうところからはじめよう

事故から3年経って、だいぶ落ち着いて考えられるようになったと思うんです。「なんとなく」じゃなくて、この際ちゃんと知りたいのでよろしくお願いします!

第一部
放射線ってなんだろう

1　みんなつぶつぶでできている――原子と原子核のこと

じゃあ、まず原子について簡単におさらいしよう

そこからですか。ええと。学校で習ったはず

習ったけど、うろおぼえっていう人も多いんじゃない？

はい。うろおぼえだってことはたしかです。わかりやすくお願いします

どんなものも原子っていう小さな粒でできてる。空気も水も木も金属も生きものも

どーぶつも？　金属も？　生きものも生きてないものも、つぶつぶなんすか？

そう、生きてるものも生きてないものも、細かく細かく分けていくと原子になる

おお。だけど、水でも金属でも「つぶつぶ感」がないじゃないですか。それがつぶつぶでできてるっていうのはすぐには納得しにくいなあ。その粒と粒のあいだにはいったい何が

あるの？

何もないんだよ。水だろうが金属だろうが、つぶつぶのすきまには何もないの

なにも……なにもないっていうのはさらに想像しにくい

顕微鏡でも見えない小さな世界だからね。原子っていうのは、ものの名前がつけられるいちばん小さな単位なんだ

ものの名前って？

酸素とか水素とか鉄とかゲルマニウムとか。原子より小さなものにはそういう名前がつけられない

ああ、酸素とか水素とか。それより小さいと名前がつけられなくなっちゃうの？

そう、**元素って習ったよね、それが名前で区別できるいちばん小さな単位。**元素の周期表っておぼえてる？

すいへいりーべぼくのふねあとはごにょごにょ……

水素、ヘリウム、リチウム、ベリリウム、ホウ素、炭素、窒素、酸素……いろんな種類の元素を並べたものだね。元素っていうのはそれぞれみんな違う原子

それ以上分けられないものたち……

元素名	元素記号	原子番号
水素	H	1

								ヘリウム He 2
			ホウ素 B 5	炭素 C 6	窒素 N 7	酸素 O 8	フッ素 F 9	ネオン Ne 10
			アルミニウム Al 13	ケイ素 Si 14	リン P 15	硫黄 S 16	塩素 Cl 17	アルゴン Ar 18
ニッケル Ni .8	銅 Cu 29	亜鉛 Zn 30	ガリウム Ga 31	ゲルマニウム Ge 32	ヒ素 As 33	セレン Se 34	臭素 Br 35	クリプトン Kr 36
パラジウム Pd 46	銀 Ag 47	カドミウム Cd 48	インジウム In 49	スズ Sn 50	アンチモン Sb 51	テルル Te 52	ヨウ素 I 53	キセノン Xe 54
白金 Pt 78	金 Au 79	水銀 Hg 80	タリウム Tl 81	鉛 Pb 82	ビスマス Bi 83	ポロニウム Po 84	アスタチン At 85	ラドン Rn 86
ダームスタチウム Ds 110	レントゲニウム Rg 111	コペルニシウム Cn 112						

ユウロピウム Eu 63	ガドリニウム Gd 64	テルビウム Tb 65	ジスプロシウム Dy 66	ホルミウム Ho 67	エルビウム Er 68	ツリウム Tm 69	イッテルビウム Yb 70	ルテチウム Lu 71
アメリシウム Am 95	キュリウム Cm 96	バークリウム Bk 97	カリホルニウム Cf 98	アインスタイニウム Es 99	フェルミウム Fm 100	メンデレビウム Md 101	ノーベリウム No 102	ローレンシウム Lr 103

【元素の周期表】

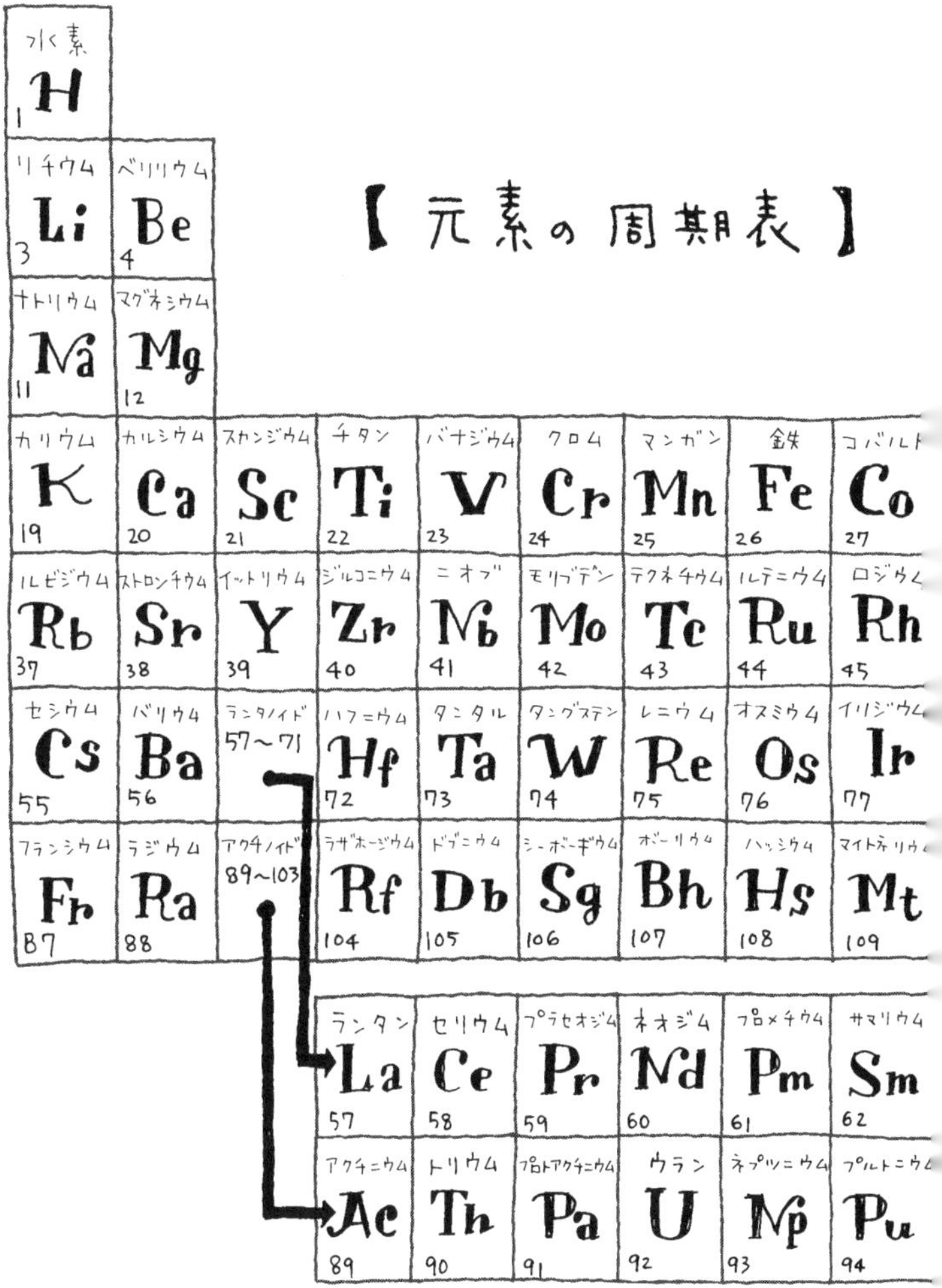
水素 H 1
リチウム Li 3
ベリリウム Be 4
ナトリウム Na 11
マグネシウム Mg 12
カリウム K 19
カルシウム Ca 20
スカンジウム Sc 21
チタン Ti 22
バナジウム V 23
クロム Cr 24
マンガン Mn 25
鉄 Fe 26
コバルト Co 27
ルビジウム Rb 37
ストロンチウム Sr 38
イットリウム Y 39
ジルコニウム Zr 40
ニオブ Nb 41
モリブデン Mo 42
テクネチウム Tc 43
ルテニウム Ru 44
ロジウム Rh 45
セシウム Cs 55
バリウム Ba 56
ランタノイド 57〜71
ハフニウム Hf 72
タンタル Ta 73
タングステン W 74
レニウム Re 75
オスミウム Os 76
イリジウム Ir 77
フランシウム Fr 87
ラジウム Ra 88
アクチノイド 89〜103
ラザホージウム Rf 104
ドブニウム Db 105
シーボーギウム Sg 106
ボーリウム Bh 107
ハッシウム Hs 108
マイトネリウム Mt 109
ランタン La 57
セリウム Ce 58
プラセオジム Pr 59
ネオジム Nd 60
プロメチウム Pm 61
サマリウム Sm 62
アクチニウム Ac 89
トリウム Th 90
プロトアクチニウム Pa 91
ウラン U 92
ネプツニウム Np 93
プルトニウム Pu 94

ところが、原子をもっと細かく分けることもできるんだな。原子の真ん中には原子核っていう粒があって、そのまわりに電子っていう粒がいる

え、なんだ、原子も分けられるんじゃん

さっき、「原子はものの名前がつけられるいちばん小さな単位」と言ったでしょ

はい

原子の真ん中にある原子核はさらに細かくできて、陽子と中性子っていう2種類の粒が集まってる

ほらー。もっと分けられるんじゃん

でも、ここまで分けちゃうと、もう「ものの名前」はつけられないんだ。**どんな原子も、**

陽子と中性子と電子という、たった3種類の粒でできてるから

ふーん。つまり陽子と中性子と電子には個性がない

そうそう。どの陽子も中性子も区別がつかないし、電子は電子でみんなおんなじ

水素でも炭素でも鉄でも、分けていったら同じ電子になっちゃうの？

そう、まったく区別がつかない。取り替えても何も変わらない

そこまで個性がないのか

その中の、陽子と中性子は同じくらいの大きさの粒で、陽子はプラスの電気を持っているけど、中性子は電気を持っていない。この2種類の粒がいくつか集まって原子核ができてる。電子っていうのはそのふたつよりずっと小さい粒でね、マイナスの電気を持っているから原子核に引きつけられている

そもそも原子って、小さい粒ですよね。陽子や中性子はその中身なんだから、原子よりも相当ちっちゃい？

ものすごく小さい。原子だって顕微鏡でも見えないけど、原子核はその原子の1万分の1くらいの大きさだよ

1万分の1っていうと

原子の大きさがだいたい1㎞だとしたら、原子核は野球のボールくらい。電子は原子核から1㎞程度離れたあたりにいる。原子の中はすかすかなんだよ

そんなに大きさが違うのか。えーっと、すかすかっていうことは、原子核と電子のあいだにもやっぱり何もないの？

そう、やっぱり何もないんだ。なかなか想像がつかないでしょう。科学者だって、直接見たわけじゃないから。でも、いろんな実験をしてみると、すかすかなはずだということがわかるんだよね

はあ〜。だけど、どの原子も陽子と中性子と電子でできているんでしょ……それなのに、原子はそれぞれ性質が違う……ってことは、ものの性質って何で決まるの？

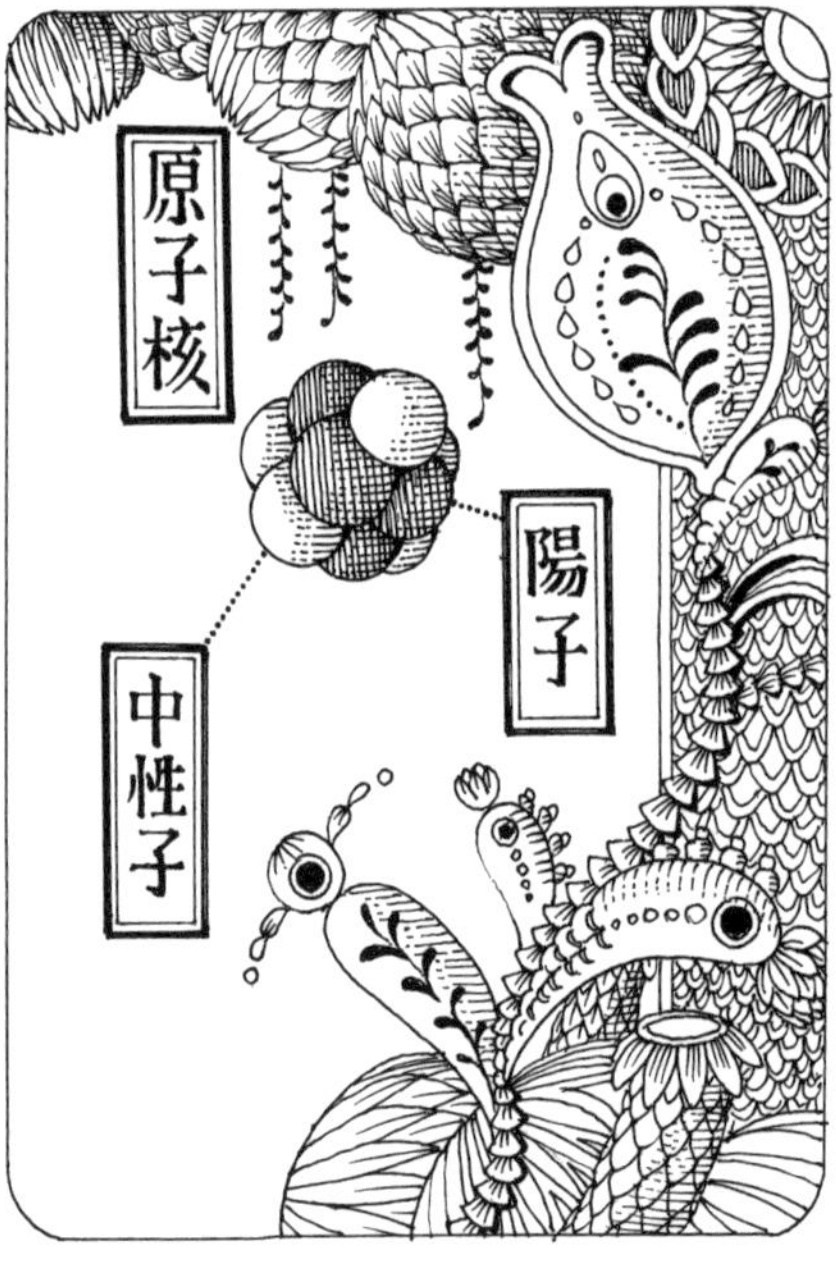

原子の種類を決めるのは、原子核の中の陽子の数なんだよ。原子核の中に陽子がいくつあ

るか。元素の周期表っていうのは、原子を陽子の数の順に並べたものなんだ。周期表の一番目にある水素原子は陽子を1個だけ持ってる

ええっ、陽子の数の違いが性質を決めるの⁉　習ったはずだけど、新鮮にびっくりした！　陽子の数の違いで鉄とか炭とかになっちゃうの？　アルミとか窒素とか何とかガスみたいなのになっちゃうの？

陽子の数を原子番号って言ってね、それが周期表の順番。たとえば、鉄は原子番号が26だから、原子核の中には陽子が26個あるわけ。「鉄」っていうと金属のかたまりを思い浮かべるでしょ。鉄のかたまりはこの鉄の原子がたくさん並んだものなんだよ。陽子が6個なら炭素原子だし、8個なら酸素原子っていう具合。そして、原子核のまわりには、陽子と同じ数の電子がいる

おお。世界って意外に単純な気がしてきた

元素の種類はそんなに多くないから、その意味では単純だね

意外にシンプルなんだ！　おお、この世界よ！

でも、いろんな原子を組み合わせて、膨大な種類の物質ができてるのですよ

ほほー

たとえば、空気中の酸素っていうのは酸素原子のことじゃなくて、酸素原子がふたつくっついた酸素分子というもの。それから、水はH_2Oというでしょ。あれは、酸素原子1個と水素原子2個がくっついてできてますっていう意味。原子がいくつかくっついたものを分子っていうよね。コップの水はその水の分子がたくさん集まったものだよ

水を蒸発させて、学校で実験したおぼえがあるよ

蒸発するときには水分子が空気中に飛んでいくんだ。水は摂氏0度で凍ったり100度で沸騰したりして、酸素とも水素とも違う水としての独自の性質を持ってるじゃない。たしかに**原子の種類はそんなに多くないんだけど、それを組み合わせるといろんなものができる**。生きものだってできちゃう

ええええ、生きものも？　まじすか、まじすか。そっちも詳しく知りたい

あと、さっきは原子核が陽子と同じ数の電子を引きつけるって言ったけど、実は足りなかったり多かったりすることもあって、それがイオンというやつね。電子が足りないものは陽イオン、多いものは陰イオンって呼ばれる

マイナスイオンじゃなくて？　滝のそばは気持ちいいとか

気持ちいいのはイオンとは関係ないよ。いわゆるマイナスイオンは陰イオンとは違うな

えっ、関係ないのか。ええと、こうして周期表を見ると、学生時代に見てたものよりも数が多い気がしますけど。てか、知らないのがいっぱいあるんですけど

学生時代にはこの表の下のほうは見てなかったんじゃない？

そうかも

それに新しい元素も作られてる。自然界にあるのは92番のウランまでで、それよりも原子番号が大きいのは全部人工的に作られたものなんだ

へ？　作られてる？　人間が作る？

粒子加速器とか原子炉で作るよ。といっても、不安定だから長持ちしないけど

科学者恐るべしだな。でも不安定ってどういうことですか？

原子核には、いずれ壊れてしまう原子核といつまでも壊れない原子核とがあってね、壊れないのは安定、壊れるのは不安定っていわれる。もしかしたら、安定という言葉の使い方が普通とは違って科学独特かもしれないね。最近日本で作られた１１３番の元素は１０００分の１秒くらいで壊れてしまうらしいよ

チョーいっしゅん！

僕らの身の回りにある普通の原子の原子核はいつまでも壊れない。炭素も酸素も鉄も、ず

っと変わらずにそのまま。でも、人工のものはたいてい早く壊れてしまう。自然界にある原子の中でも、ウランやラジウムの原子核はいずれは壊れてしまう

ふーん。原子核が壊れるって、イメージがわかないな

不安定な原子核は、いつか別の原子核に変わっちゃう。なくなるのでも粉々になるのでもなく、別の原子核に変わってしまうのだけど、それを「原子核が壊れる」とか「崩壊する」とか言うのですよ。不安定っていうのは、エネルギーがあまってるってことなんだ

ちからをもてあましてる感じ？

そうだなあ、やり場のない感じというか、どこかに発散したい感じというか

いっそどうにかなりたいと。どうにか変わってしまいたい？　ああ、やるせなさでいっぱい、な感じ？

ウッキーって叫びたい感じかな。で、その**もてあましたエネルギーを外に発散して、別の原子核に変わっちゃう。そのときに放出するものが放射線**なのですよ

おお。放射線はやるせなさエネルギーの発散なのか！

放射線を出す原子は「放射能がある」っていうんだよ。放射線を出す能力があるという意味だね。**放射能があるモノが放射性物質**

放射能っていう言葉はそういう意味なんだ。ゴジラが吐くのって放射能じゃなかった？

あれは放射能火炎といって……放射能は原子の性質だから、吐けないよねぇ

そうか。まあ、ゴジラはさておき、放射線が出たら元の原子はどうなるの？

放射能がなくなるよ

え！

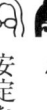

安定な原子核になってしまえば、あとはずっとそのまま壊れない。だから、もう放射線も出ない

あ、あの、**放射線出したらもう放射能はなくなる**んですか！　すみません、恥ずかしながらわたくし知りませんでした

この話はあとでまたしよう。とりあえず、安定と不安定というのはそういう意味だと

放射能がある原子は不安定だから、やり場のないエネルギーを放射線として出す……

そうそう

あの、それで今問題になってるセシウムには、134と137とあったけれど

セシウムっていうのは陽子が55個ある原子ね

はい。ここは周期表の出番。原子番号55番

原子核は陽子と中性子でできてるでしょ。でも、陽子が55個あれば、中性子が何個でも、その原子はセシウムとしての性質を持ってる。陽子の数が違ったらセシウムじゃなくなっちゃうけど、中性子の数が違っててもセシウム

それは陽子の数が性質を決める、から（得意気）

そう、陽子の数が55なら、その原子の性質はセシウムなの。１３４とか１３７とかいう数は質量数といって、原子核の中の陽子と中性子の数の合計なんだ。セシウム１３４なら、陽子が55個で中性子が79個。セシウム１３７はそれよりも中性子が３個多い。こういうふうに**陽子の数が同じで中性子の数が違うものを同位体と呼ぶ**のですよ

同位体って聞いたことある

セシウムっていうと１３４と１３７ばかりが有名になっちゃったけど、どちらも自然界には存在しなくて、原子炉でできた人工の同位体。実は、自然界にもセシウムはあるんだよ。それがセシウム１３３。セシウム１３３の原子核は安定だから、放射線を出さない

へえ。セシウムってぜんぶ危険なのかと思った。放射線を出さないのもあるんだ

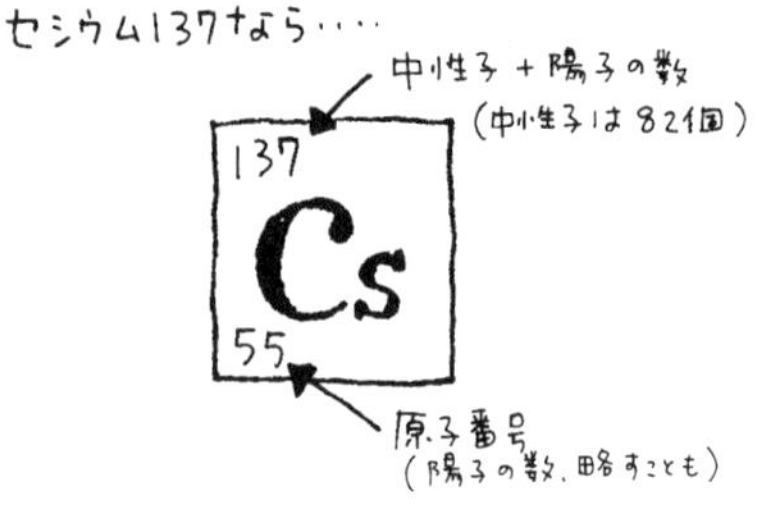

おなじセシウムの同位体といっても、133は安定で、134や137は不安定なんだよ

余分な1個と余分な4個があるから不安定で怖いものになってるのか

安定か不安定かは陽子の数と中性子の数のバランスで決まるんだ。バランスがいいと安定するけど、中性子が多過ぎても少な過ぎても、エネルギーがありあまってしまう

あのですね、ちょっと不思議なんですけど、陽子はプラスの電気を持っていて、中性子は電気を持っていないなら、どうして原子核なんていうものができるの？　プラス同士はくっつきそうにないじゃない

そこに気づいてしまったか。たしかに、電気の力だけだったら陽子同士は近づけないんだけど、そこで「核力《かくりょく》」という別の力があってですね

また新しい言葉が出てきたぞ

原子核がひとかたまりになっていられるのは、その核力のおかげなんだ。核力っていうのは、原子核の中の陽子や中

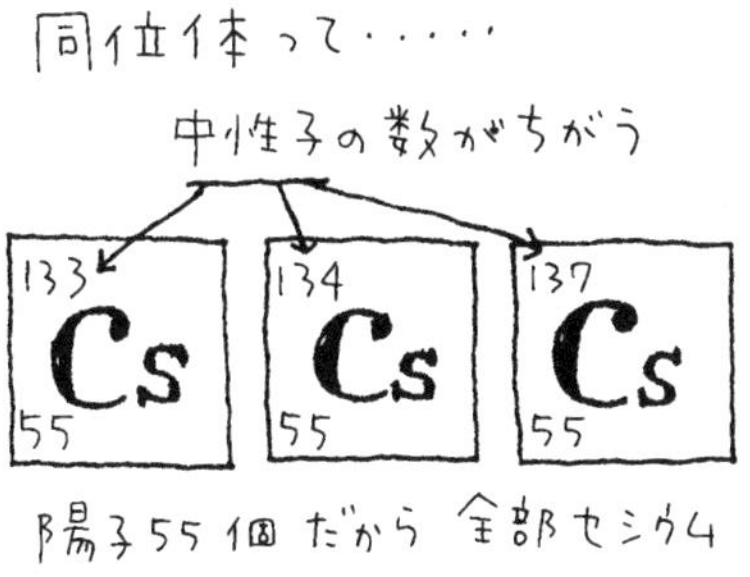

性子が、電気の力で引き離されないように、お互いに手をつないでいるみたいなものかな。ところが、数のバランスが悪いと、いつまでも手をつないでいられないわけ

ふーん。原子核ってやつはデリケートなのね

原発事故でヨウ素が話題になったよね。でも、海藻とかうがい薬とか身近なものにもヨウ素は入ってるじゃない。それはヨウ素１２７で、安定してるから放射線を出さない。いっぽう、問題になったのは、放射能があるヨウ素１３１ね。ヨウ素１２７より中性子が４個多いから不安定なんだ

へー。事故後いろんな人がガイガーカウンター持って測りまくって、ホームセンターの肥料の放射線量が高いって話題になりましたよね。身近にも放射線があった、って

それは肥料に入ってる放射性のカリウムだね

果物にも野菜にも多いって。あれは自然のものでしょう?

そう、原子番号19のカリウム。自然界にはありふれた物質なんだけど、実は3種類の同位体が混じってる。自然界にあるカリウムのほとんどはカリウム39で、あとはカリウム41がちょっと。どちらも安定だから放射線を出さない。でも、ほんの1万分の1だけ含まれるカリウム40は放射線を出すんだ

肥料といえば窒素・リン酸・カリですよね。その「カリ」にも、放射線を出すのが混じってるの？

そう。**自然界にあるカリウムには放射線を出すのが0・01パーセントだけ混じっている。**果物にも野菜にも肉にも3種類のカリウムがいっしょくたに入ってるから、分けられない

いっしょくたなの？　分けられないのはやっかいだなあ

もともと土の中にあるんだよ。土から植物や動物に取り込まれるから、食べものを通して僕たちのからだの中にも入るのね

つまり、土の中のカリウムが植物に取り込まれて、それを食べる動物の中に入って、野菜や肉を食べる私たちのからだには、そのカリウムがぐるぐるとめぐってきたという

そう、食べ物からからだに入ってくる。カリウムっていうのは、僕たちのからだを維持するのに必須のミネラルなんだよ。だから、からだの中のカリウム量を一定にしておく仕組みがあってね。で、

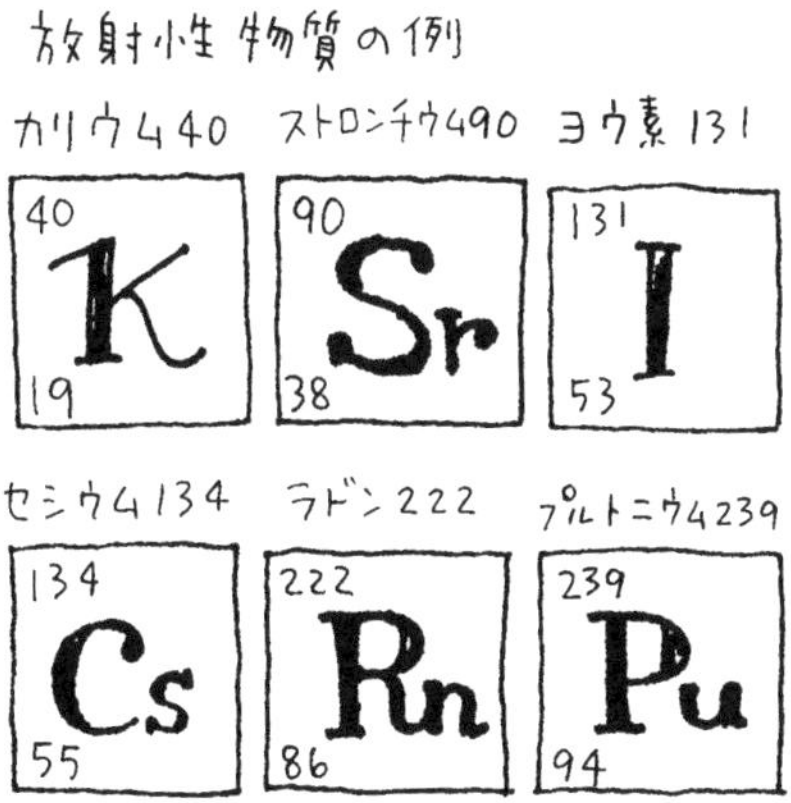

そのうちの0・01パーセントが放射線を出すカリウム40

そうなのか。放射線を出すのは分けられればいいのに。からだの中にもあるなんて、これまで知らなかったですよ

放射性カリウムは自然にあるものだから、どうしようもないんだ

あと、身近な放射能といえばラドン温泉のラドン！　あれも放射線を出すんでしょう？

うん。陽子86個の原子がラドン。さっきはゴジラで今度はラドン。でもこれは怪獣じゃないよ。ラドンも自然にある放射性物質で、気体だから空中に出てくる

「わざわざラドン温泉に行く人がいるくらいだから、天然の放射線はからだにいい」と友人が言ってたんだけど、それはどうなんでしょう？

微量の放射線を浴びるのはからだにいいという説が昔からあって、放射線ホルミシス効果って呼ばれてるんだけど、立証されてはいない。ラドン温泉の放射線がからだにいいというのも裏付けのある話じゃないんだ

じゃあ、天然だからいいとかいう話じゃなくて

放射線の話はあとでするけど、**天然の放射性物質でも人工の放射性物質でも、出てくる放射線が違うわけじゃない**よ。それに、僕たちのからだが放射線で傷ついても、それが天然

の放射線のせいなのか人工の放射線のせいなのかをからだが区別してるわけでもない。しょせん、**原子核が壊れて出る放射線は α《アルファ》線、β《ベータ》線、γ《ガンマ》線の3種類**だから

α線、β線、γ線。出てきたぞ専門的っぽいのが。名前はよく聞きますよ

ラドンから出る放射線はα線。WHO（世界保健機関）は、このラドンの放射線が肺がんのリスクを高めると警告しているね。ラドンは地面から出てくるガスだから、地下室に溜まりやすいんだ。WHOのウェブサイトには、世界中で毎年何万人もの人がラドンによる肺がんで亡くなっていると書いてある。アメリカの環境保護局も、地下室に換気装置をつけるよう呼びかけたりしてる

へえ、知らなかった。そうか、α線、β線、γ線は人工でも天然でもおんなじだと。原子核の崩壊は、天然も人工も関係ない現象なんだってことですね

原子の種類によって、崩壊しやすさとかに違いはあるけど、人工だからどうとか天然だからどうとかじゃないね

震災のあと西日本に避難した友だちが、「東日本よりも自然放射線量が高いけど、自然のものだから危険じゃない」とも言ってたけど

花崗《かこう》岩の中には放射性物質が多いんだ。それで、花崗岩の多い西日本は東日本より放射線

が強い。**自然でも人工でも放射線に違いはないから、自然のものならいいっていうわけじゃない**よ。でも、地球に生きてる以上、自然放射線は避けられないし、気にしてもしかたないよね。それに、世界的に見ると、日本は自然放射線の量が少ないほうなんだよ。震災前の東日本は特に少なかった

確かにこれまでは気にしてなかった。量の問題かー。私、自然のものなら安全という考えだと、人形峠のウランとか、そもそも採掘されてる原発の燃料とかでも安全ってことになっちゃうじゃんって思ってたんですけど、なかなかうまく説明できなかった

放射線て、もともとは自然にある石から出てるのが発見されたわけだよ。キュリー夫妻が発見したラジウムとか。でも、だからといってラジウムの放射線が安全というわけではないよね。たくさん浴びちゃったら危ない

うーん！　ここまではわかった気がするぞ！　こんなふうに教えてもらったら物理の時間も眠くならなかったのに。ではその3種類の放射線について詳しく教えてください！

2　放射線はやるせなさエネルギー——α線のこと

じゃあ、まずα《アルファ》線から

はい

この放射線は、ウランやラジウムやラドンみたいな、原子番号が大きい原子の原子核が壊れるときによく出る。プルトニウムもそう。原子番号の大きい原子は、陽子も中性子も多くて重いんだ。こういう重い原子核は不安定で、あまったエネルギーを放出したいんだよ

エネルギーがあるとかエネルギーを出すとかって言われてもピンとこないなあ。もてあましたちからを発散したいんだよね

エネルギーって言葉はよく使うけど、とらえどころがないよね。エネルギーは「もの」じゃないから、あまってるからってそのままポイって捨てるわけにはいかないんだ。だから、

原子核の中からエネルギーを運びだしてくれるものが必要なわけ

誰かにくっついて出ていくってこと？

勢いよく飛んでる物体はそれだけたくさんのエネルギーを持ってる。だから、原子核の一部を勢いよく飛び出させれば、それがエネルギーを持って出て行ってくれる

原子核の一部って？

α線の場合は、陽子と中性子2個ずつがひとかたまりになって飛び出してくるんだよ

かたまりがビューって？　ひとつずつじゃなくて、かたまりになって飛んでくの？

そう。陽子2個と中性子2個がかたまりになって。で、それって、ヘリウムの原子核と同じものじゃないですか

ほー！　ヘリウムの原子核が出ていくんだ！

勢いよくね

ということは、**陽子2個と中性子2個がくっついたヘリウムの原子核が1個飛び出してく**

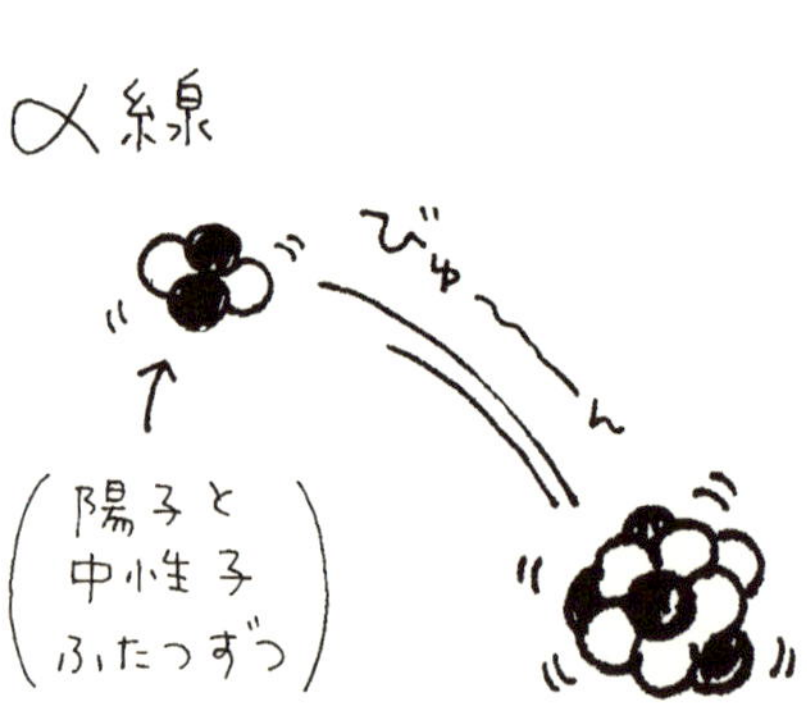

るのがα線の正体か。線っていうけどつぶつぶで、実体はヘリウムビューンなんだ。ヘリウムって聞くと、あんまり怖くなさそうだけど

たしかに、ヘリウムの原子核があっても、それだけなら特に怖くない。だけど、α線は勢いがあるから、何かにぶつかるとダメージを与えるんだ

何かにぶつかるって？

たとえば、ラドンを吸い込んで、からだの中でα線を出すとするでしょ。そしたら、細胞の中で原子にぶつかるでしょ

そういうことか！　じゃあ、ぶつかったヘリウムはどうなるの？　跳ね返って飛んでいってまた悪さをするの？

α線は原子にぶつかるたびに勢いをなくして、最後は止まっちゃう

勢いがあるから悪さをするんだよね

勢いをなくしちゃったら、それはもうただのヘリウムの原子核

そうなったらもう放射線ではなくなっちゃうんだ

そうだよ。あとは、まわりから適当に電子をもらって、ただのヘリウム原子になっちゃう

でも、その前に悪さをするんですよね

いや、**服の上からα線が当たっても、服で止まっちゃってからだに届かないし、肌に当たっても表面で止まっちゃう**。肌の表面なんて、死んだ細胞だし、当たっても心配ないんだ

α線がからだに当たって止まっても害はないの？

ヘリウムになって、あとはどこかに飛んでいってしまうだけだよ

止まるって聞くと、肌にくっついたままだとか、跳ね返ってどこかにいって、また悪さするのかと思ってた。よく花粉にたとえられたりしたじゃないですか。払い落としても、落ちて溜まってたり、それがまた風で舞い上がったりするイメージ

それは放射線じゃなくて、放射性物質とごっちゃになってるよ。α線は空気中でもすぐに空気の分子に当たって止まるから、ほとんど飛ばないんだ。α線は紙1枚で止められるって、聞いたことない？

あります。よく図解も見ます。でもその、「止まる」っていうのがいまいちわからなくて。くっついたままだったり、ぽろって落ちるけどまだ悪さする力が残ってると思った。でもそこでエネルギーがなくなったら、もうベツモノになってしまうってことなんだ

花粉のたとえは正しい面もあるんだけど、そういう誤解も生んだのか

科学者にとっては逆に目からウロコでしょう。一般人の認識について思い知るがよいぞ

思いもよらなかったな。だから、α線が外からからだに当たっても影響はないんだよ。問題になるのはからだの中に入った放射性物質からα線が出る場合で、あとで内部被ばくの話をするから、そのときまた考えよう

ふーん。原子の世界の勢いって、なかなか想像できないな。それで、α線を出した原子のほうはどうなるの？

α線を出すと陽子が2個減るでしょう。だから、原子番号がふたつ小さい別の原子に変わっちゃう。周期表で言うと、ふたつ前の原子。中性子も2個減るから、合わせて質量数はよっつ小さくなる。たとえば、さっき話したラドンは、地面の中にあるラジウム226の原子核がα線を1個出してラドン222になったものなんだ

ラジウムがヘリウム出してラドンになる！　そういうことか！　ほんとだ。周期表ってそういうことだったのかっ。こういうの、学校で教えて欲しかったなあ。陽子の数で性質が決まる！　呪文のようにくりかえし

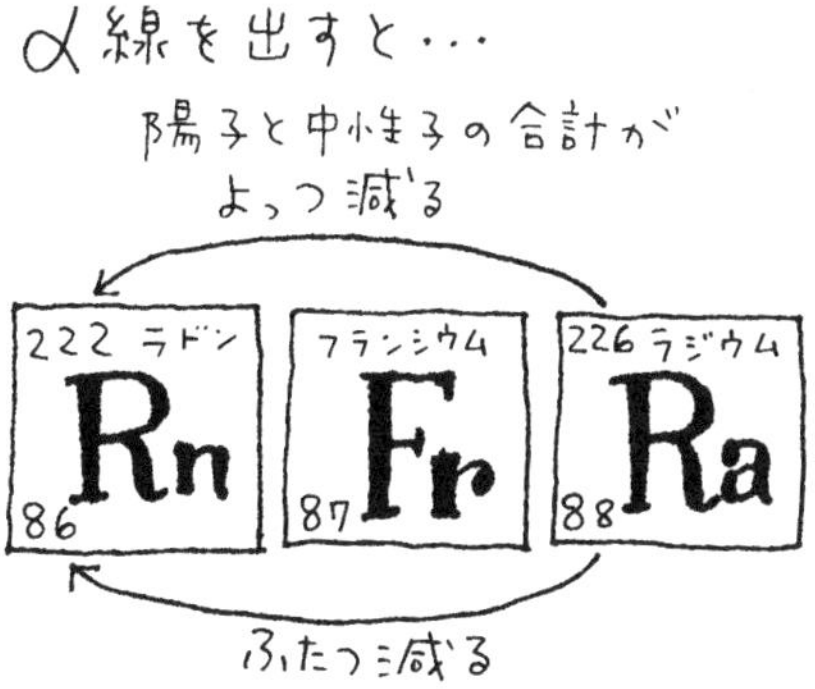

てしまう

うーん。授業聞いてなかっただけじゃないのかなあ。じゃあ、風船に使うヘリウムって、どうやって作るか知ってる？

唐突な。そんなの考えたことないな

ヘリウムは鉱物と同じで天然資源なんだよ。地面から掘り出した天然ガスに含まれてる

最近減ってきて、風船に使うのをやめたところもあるって聞いたよ

採算が取れるくらいヘリウムが採れるところは限られていて、生産量は圧倒的にアメリカが多い。２０１２年７月にアメリカの施設でなにかトラブルがあって、生産量が減ったみたいだね。で、ですよ、なんで地面の中にあるかというと――

うん

あれはもともと、地下で放射性物質が崩壊して出たα線だから

え、そうなの？

地球ができてからずっと、地中ではラジウムとかウランとかの原子核が崩壊してα線が出ているじゃないですか

うん（遠い目）

もちろん、地球ができたときに宇宙から取り込まれたヘリウムもあるんだけど、資源として取り出してるヘリウムは、地下で放射性物質が崩壊してできたものなの。つまりあれはぜんぶ、もとはα線

へえ！ プカプカの風船になったり、おバカなスプレーでアヒル声になったりして楽しませてくれるのが、放射性物質から出た放射線でできたと

そう、勢いを失ったα線の成れの果てなのですよ

えぇー。そうだったんだ。すごい時間をかけて

そう。だからヘリウムは貴重なの

知らなかったー。どんだけ崩壊したんでしょうね

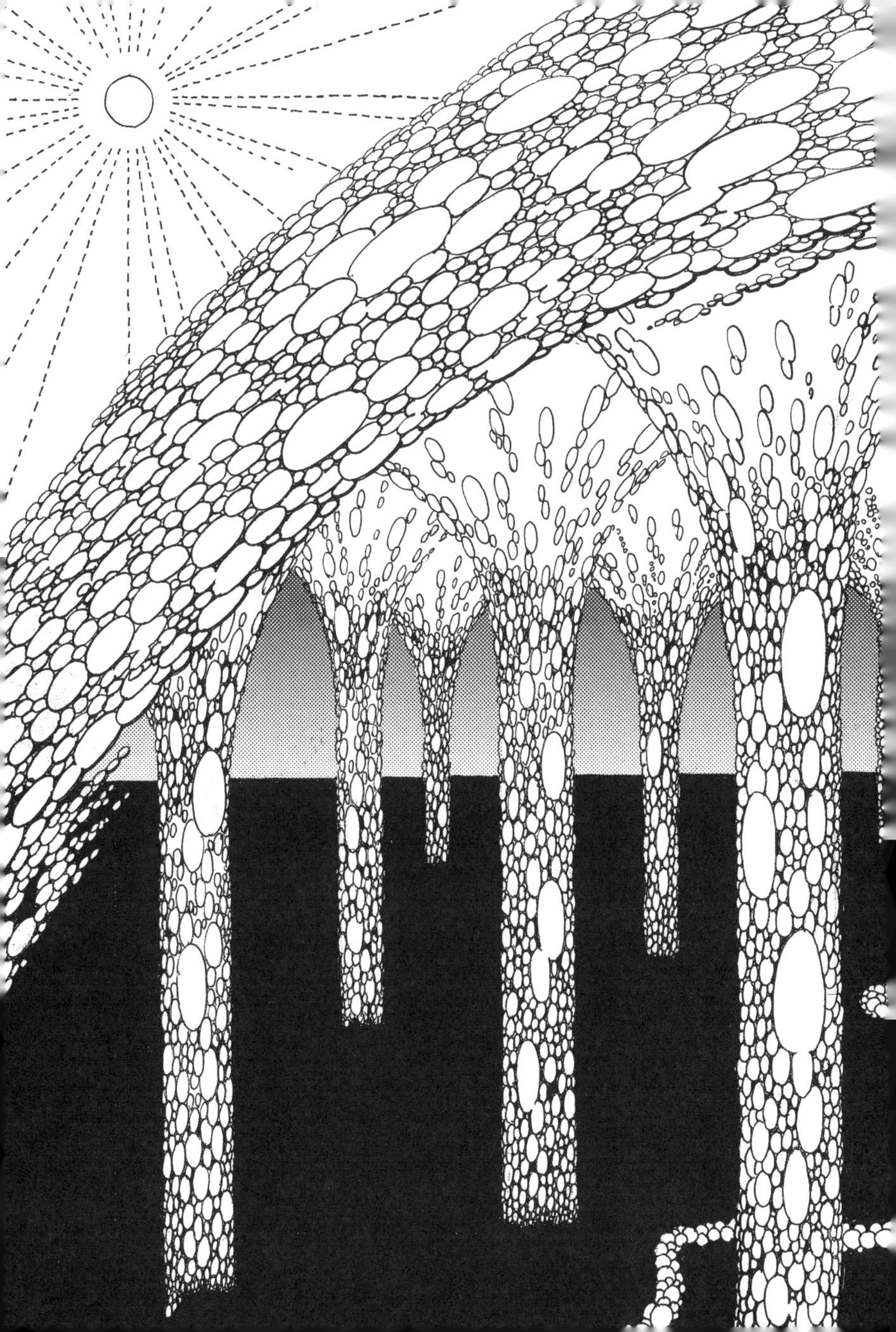

3 電子ビューン――β線のこと

次はβ《ベータ》線

はい

福島第一原発の事故で話題になった放射性のセシウムやヨウ素やストロンチウムから出るのはα線じゃなくて、このβ線だよ。放射性カリウムもそう。この**β線の正体は、実は電子**なんだ

はあ。それは原子核のまわりにいた電子？

そうじゃなくて、原子核の中から電子が勢いよく飛び出してくる

でも、電子は原子核のまわりにいるんじゃなかった？

たしかに原子核の中に電子はいないんだけどね。でも、放射性セシウムや放射性カリウム

は中性子があまってるから、中性子がひとつ壊れちゃうんだよ

中性子が壊れる？　やるせなさの不安定の果てに、こんどは中性子が1個壊れるの？　そもそも、「あまってて壊れる」の「あまり具合」がわからない

セシウム133は安定してるって言ったよね。で、134や137には放射能がある

あ、同位体のはなしの時に出た1個と4個だ

やるせなさの果てに、**1個の中性子が壊れて、陽子と電子に分かれてしまう**んだよ

え、中性子から電子ができちゃうの？

そう、電子ができちゃうの。そして、陽子を原子核に残して、電子だけがすごい勢いで飛び出していく。ほかにニュートリノっていう粒子も飛び出すんだけどね

ニュートリノ、カミオカンデ。カミオカンデって、岐阜県の神岡鉱山跡に作ったでっかい施設でしょう？　和洋ミックスな感じのネー

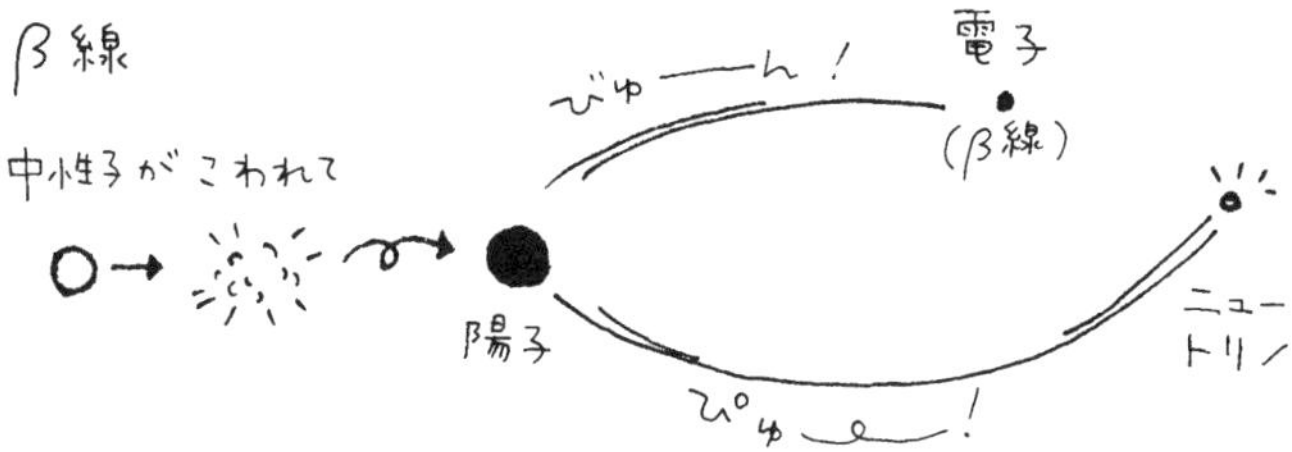

ミングで好き

カミオカンデは遠くの星が爆発したときに出るニュートリノを検出して、それで小柴昌俊さんがノーベル賞をもらった。ニュートリノは、ものをすかすか通り抜けちゃうから、見つけるのも大変なんだ。人のからだもただ通り抜けちゃうだけ

ニュートリノは悪さをしないのね。それでβ線の電子も、もういやーって、ものすごい勢いで出て行くんですね。めちゃ、やるせないエネルギー

ただの電子じゃなくて、ものすごい勢いの電子だから、危険なんだよ

やっぱり勢いが問題なのか。中性子が電子と陽子に分かれたっていうことは、陽子がひとつ増えるってことですよね？　周期表で見るとセシウムなら、ええと、ひとつ右のバリウムになっちゃうということかな？

おお、わかってるじゃん。**原子番号がひとつ増える**。そのぶん中性子がひとつ減ってるから、陽子と中性子の合計はいっしょだよね。だから、セシウム１３７はバリウム１３７に変わるし、セシウム１３４ならバリウム１３４になる。カリウム40はカルシウム40になるよ

ほーっ！　セシウムがバリウムになっちゃうんだ！　胃のレントゲンを撮るときに飲むど

ろどろのあのバリウム？

そう、あれは硫酸バリウム。セシウム１３７やセシウム１３４は中性子が多くて不安定だから、中性子を減らして安定になろうとする。そのときβ線を出して安定なバリウムに変わるわけ。本当はβ線の次にγ線を出すんだけど、その話はあとでしよう

はい。つまりβ線は線というけど電子なのだと。β線は電子ビューン！

そう、線って呼ばれていてもその正体はつぶつぶの電子。α線と同じで、β線も粒が勢いよく飛んでくるんだよ

マンガの表現っぽく、飛び出した軌跡が線に見えてます、的な

α線は服や肌に当たったらもう放射線じゃなくなったけど、β線を止めるのはもうちょっと大変

どのくらい大変？

５ミリくらいの厚さのアルミ板とか

ふーん。じゃあ防具としてアルミの鎧が必要？　なにかと交換して手に入れなければ

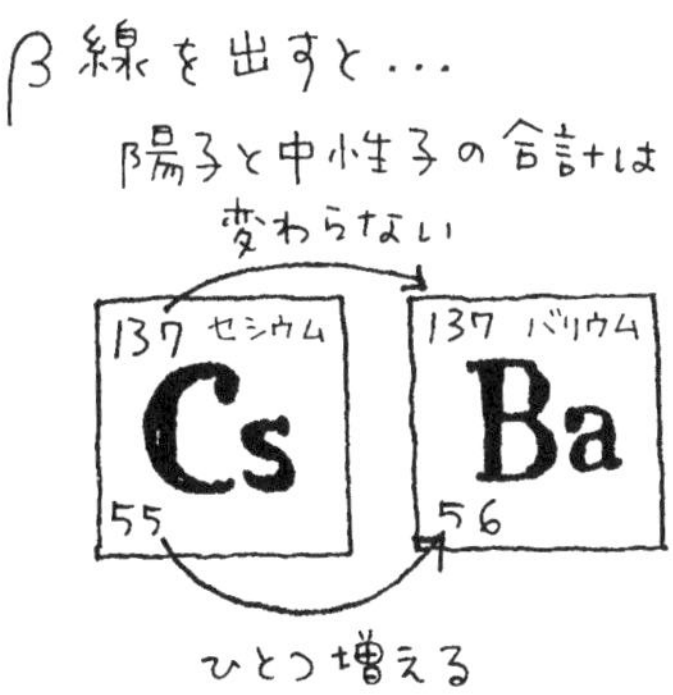

ゲームじゃないんだから。**からだに当たっても皮膚で止まるからそれほど心配しなくてもいいよ**

皮膚って案外、鎧……じゃあ、そのビューンじゃなくなった電子はどうなるの？

それはそのあたりで普通の電子として、よしなに暮らします。β線も内部被ばくが問題なんだ。これもあとで話そう

β線が止めにくいのはエネルギーが大きいからってこと？

いや、エネルギーはα線のほうが大きめなんだけど、α線は電子よりずっと大きくて重いから、そこらの原子にがつんがつんあたって、すぐに勢いをなくすのね。もちろん、β線も原子に当たるから、セシウム137のβ線なら、空気中で40センチくらいしか飛ばない。つまり、β線のほうが原子に当たりにくいってことかな

それって、旅行の帰りの飛行機って、モノいっぱい持ってて自分の席に行くまでに椅子とかにガンガン荷物あてちゃう、あんな感じ？

当たるたびにおみやげを撒いちゃう感じ

当たって失う。なるほど

4　光って、つぶつぶ——γ線のこと

じゃあ、さいごのγ《ガンマ》線は？

これは実は光なんだ

ええ。どういうことですか

光といっても、すごく強い光

はあ……やるせなさエネルギーが今度は光に？

不安定な原子核は、ありあまったエネルギーを放出して安定な原子核に変わっていく、というのは共通なのですよ

みな安定志向

エネルギーを放出するやりかたには大きく3種類あって、それがα線、β線、γ線なんだ

けど、どれも原子核の中から何かを勢いよく飛び出させる。どの原子核がどの放射線を出すかは原子の種類ごとに決まってる。一覧を作ったよ

へー。2種類出すのもあるんだ

そう、もし放射線を出してもまだ不安定なら、さらに放射線を出して安定になろうとする。さっきセシウム137がβ線を出してバリウム137に変わると言ったでしょ。でも、本当はその段階ではまだエネルギーがあまってて不安定なんだ

まだまだやるせないと

まだやるせないから、そのエネルギーを今度は強い光として出すわけ

今度は原子核でも電子でもなくて光？　ぴかーって？

ぴかーって光るわけじゃないなあ。**γ線ていうのはすごくエネルギーの大きな光で、これは光の粒が飛んでいくん**だよ

光の粒？　つぶつぶまた出た。γ線は光ビューン？

放射性物質が出す放射線の例

^{14}C（炭素 14）	天然	β線
^{40}K（カリウム 40）	天然	β線とγ線
^{90}Sr（ストロンチウム 90）	人工	β線
^{131}I（ヨウ素 131）	人工	β線とγ線
^{134}Cs（セシウム 134）	人工	β線とγ線
^{137}Cs（セシウム 137）	人工	β線とγ線
^{222}Rn（ラドン 222）	天然	α線
^{226}Ra（ラジウム 226）	天然	α線
^{235}U（ウラン 235）	天然	α線
^{239}Pu（プルトニウム 239）	人工	α線

光はみんなビューンだけどね。どんな光でも速さは秒速30万キロメートルだから

アインシュタインだ！

光速度一定の原理というやつだね。光はつぶつぶだって言ったのもアインシュタインだよ

へー

アインシュタインはそれでノーベル賞をとったんだ

あ、ノーベル賞は相対性理論じゃない、って聞いたことあるな

光っていうと目に見える光を思い浮かべるかもしれないけど、紫外線って目に見えないじゃないですか

はあ。目に見えないけどお肌にシミを作ったりします

残念ながら、シミは見えるね。紫外線っていうのは目に見える光よりも波長が短い光

波長？　短い？　はて、どういう意味だろう

光っていうのは空間を伝わる波なんだよ。波のてっぺんから次のてっぺんまでの距離を波長といって、赤い光より紫の光のほうが波長が短い。赤よりも波長が長くて目に見えない光が赤外線で、紫より

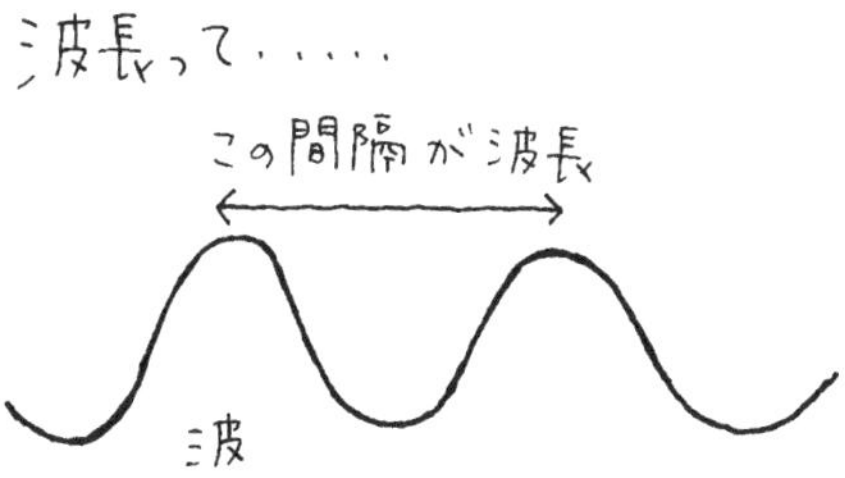

も波長が短くて目に見えない光が紫外線。で、実は紫外線より波長が短い光があって、それがX線とかγ線とか

あれ？　粒じゃなくて波

波だけど粒、粒だけど波。光のつぶつぶがたくさん飛んでくると波のように見える

うーん、イメージしにくっ

波でもあり粒でもあるなんて言われても、イメージわかないよね。γ線は粒だと思っておけばいいよ。粒だから、ひとつふたつって数えられるんだ。セシウム137はひとつのβ線を出してバリウム137になったあと、さらにγ線をひと粒出す

ひと粒……えーっと、ひと粒出すってことは、周期表で右か左にいくの？

いや、陽子の数も中性子の数も変わらないから、原子としては同じなんだ。ただ、安定になるだけ

ふうん。X線はレントゲン検査のときのあれですよね

そうそう、X線も光だけど、いろんなものを突き抜けるから、からだの中とか物の中を透視できる。レントゲン検査で骨が写るのは、骨の密度が高くて、X線が通りにくいのを利用しているんだ。で、**γ線もX線と同じようにものを突き抜ける性質がある**

γ線はX線よりも波長が短いの？

いま問題になってるγ線は、レントゲン検査に使うX線よりもずっと波長が短いね。光の波長が短いほど、エネルギーもたくさん持ってる。ただ、γ線とX線の区別は波長じゃなくて、原子核の中から飛び出してくる光がγ線って呼ばれるんだ

うーん、ちょっとわかりにくいけど、どうして、ものを突き抜けていっちゃうんだろう

α線はプラスの電気を持ってるし、β線はマイナスの電気を持ってる。そうすると、いろ

んな原子に近づくと、電気の力で跳ね返されたり引っ張られたりするのですよ。原子のまわりを回ってる電子は、マイナスの電気を持ってるから

ふーん、α線もβ線も、プラスとマイナスに左右されちゃうんだ

ところがγ線は光だから、電気を持ってないの。だから、原子に近づいても、引き寄せられもしないし跳ね返されもしない

ぶつからないのね

原子の中をすかすか通り抜けちゃう。で、ごくまれに電子に当たる。γ線をふせぐにはぶ厚い鉛とかコンクリートとか、重くて厚いものが必要なんだ。当たるチャンスを増やさないと防げないっていうことだね

何かに当たればエネルギーがなくなっちゃうんですよね、でも、ひゅーひゅーすり抜けやすいから、それを止めるには分厚くして当たりやすくしないといけないと。でもγ線はからだを突き抜けるから危険だって聞きましたよ

α線やβ線なら、外から飛んできてからだに当たっても、皮膚の表面で止まっちゃうでしょ。ところが、**γ線はからだの奥まで入ってきちゃう**

皮膚の鎧じゃだめなんだ

もっとも、**本当にからだを突き抜けちゃったγ線は、何も悪さをしてない**んだけどね。からだの中で何かに当たらないと悪さをしないわけだから

そうか、ただ突き抜けていっただけなら、ダメージはない。何かに当たってダメージを与えるというのは、γ線もα線やβ線と同じなんだ

γ線が原子に当たると、そのエネルギーで電子が弾き飛ばされる

それは原子核の外にいる電子？

そうだよ。それが弾き飛ばされて、勢いよく飛んでいくんだけど、勢いのいい電子って、β線と同じじゃないですか

でも、β線は中性子が壊れたものでしょう？

それは確かにそうなんだけど、由来はともかく、どっちも勢いのいい電子に変わりはないじゃない。だから、からだへの影響はおんなじなんだよ

えーっと、つまりγ線がβ線みたいにはたらいちゃう？

そう考えておけばいいよ。γ線がからだの中でどういう悪さをするかといえば、β線と同じだと思っておけばいい

でも、β線はからだの奥に入らないって、さっき言ってたような……

外からはからだに入らないけど、からだの中にβ線を出すものがあったら悪さをするんだ。これがさっきも言った内部被ばくの問題だから、あとでまとめてやろう

そうか。ごっちゃになってたな。γ線もエネルギーがなくなっちゃったら無害になるの？

そうだよ

無害な光に？

ていうか、γ線は完全に吸収されて消えちゃうんだ

光そのものが消えちゃうのか。とにかく、セシウムはβ線を出してもまだやるせないから、さらにγ線を出すんですよね

β線を出す原子核はたいていそのあとでγ線も出すよ。実はγ線のエネルギーは物質ごとに決まってるんだ。だから、どんなエネルギーのγ線が出てるかを調べれば、どんな放射性物質があるかわかる。食品やからだの中にどんな放射性物質がどれだけあるかはシンチレーション・カウンターという装置でγ線のエネルギーを測って調べるんだよ

γ線でわかるんだ

話題になってる放射性物質の中でストロンチウム90は特殊で、β線しか出さない。それでストロンチウム90は検出しにくいんだ

えーっと、検出しにくいというのは？

シンチレーション・カウンターではγ線しか検出できない。だから、γ線を出さない放射性物質は、別の方法で測らなくちゃならないわけ。食品の中のストロンチウム90はもうちょっと面倒な方法で測る

シロウトじゃちょっと無理なんだね

5　ダイスをころがせ――半減期のこと

実はずっと誤解してたことがあるんです。半減期っていう言葉はよく聞くじゃないですか。放射性物質って、存在しているかぎり放射線を出し続けるもので、そのパワーが半分に弱まるのを半減期というのかと思ってた。だから、半減期の2倍の時間、放射線を出し続けるんじゃないかと思ってたんですよ

そういう誤解をしてる人はたくさんいるのかな？　**放射性物質の原子核がひとつまたひとつと壊れていって、その数が半分まで減る時間が半減期**だよ

放射性物質のパワーが半分になるんじゃないんですよね

不安定な原子核がひと粒だけあるとするじゃないですか。それが放射線を出して、**安定な原子核に変化してしまったら、もう放射線を出さなくなる。**だから、パワーが弱くなるっていうのとは違うよね

原発事故直後に、テレビで放射性物質と放射線の説明にホタルとホタルの光になぞらえて説明してたのを見て、ホタルが生きてるかぎり光を出し続けて、だんだん弱まって死んじゃう、みたいなイメージを持ってた。その光が最初の半分になるのが半減期っていうのかと思ったわけですよ

原子1個をホタル1匹に例えるのは正しくないね

そうなんですよね。だから、たとえば半減期何万年とか聞くと、何万年ものあいだ放射線を出すなんて、なんておっかない、と思ったわけですよ。でも、半減期が長いほど、なかなか壊れないんだから、逆に安定してるってことですよね？

そうだね、半減期っていうのは壊れやすさと関係があって、**半減期が長いほど原子核は安**

定で壊れにくいんだ。よく名前を見る放射性物質の半減期をまとめてみたよ

ヨウ素１３１の半減期は短いですね、たったの８日

セシウム１３７なら30年だから、セシウム１３７はヨウ素１３１より圧倒的に壊れにくい

半減期がずいぶん違う。同じセシウムでも１３４は２年

カリウム40なんか、半減期が13億年だよ

わ、めちゃくちゃ長い。半減期の意味をもう少し詳しく教えてください

半減期30年のセシウム１３７の原子が１個だけあったら、それはいつβ線を出してバリウムに変わると思う？

うーん、30年って答えると間違いなんですよね。それって予測できるのかなあ？

そうそう、いつβ線を出すかは決まってない。明日かもしれないし、10年後かもしれないし、１００年後かもしれない

放射性物質の半減期の例

^{14}C（炭素 14）	天然	5700 年
^{40}K（カリウム 40）	天然	13 億年
^{90}Sr（ストロンチウム 90）	人工	30 年
^{131}I（ヨウ素 131）	人工	8 日
^{134}Cs（セシウム 134）	人工	2 年
^{137}Cs（セシウム 137）	人工	30 年
^{222}Rn（ラドン 222）	天然	4 日
^{226}Ra（ラジウム 226）	天然	1600 年
^{235}U（ウラン 235）	天然	7 億年
^{239}Pu（プルトニウム 239）	人工	24000 年

100年？ 半減期30年なのにその3倍以上じゃないですか

1000年後かもしれないよ

ええええっ、想定外！

まあ、1000年後まで壊れずに残ってる可能性は低いけどね

いつ壊れるかはぜんぜんわからないんですか？

うん、**ひとつの原子核がいつ壊れるかは誰にも予測できない**んだ。でも、セシウム137の原子がたくさんあったらどうだろう。1万個くらいとか？

えっと、30年たったら5000個に減ってる……。数が半分になるっていうからには、そういうことですよね？

そうそう、半減期っていうのはそういう意味だね。ひとつひとつの原子核がいつ壊れるかは予測できないけど、たくさんあったら次々と壊れて数がだんだん減っていくでしょ。さっきも言ったように、それがちょうど半分に減るまでの時間が半減期

1個だといつ壊れるかわからないけど、たくさんだとある程度予想ができる、と

たとえば、東京ドームに5万人集まって、いっせいに100円玉を投げるとするじゃない。表が出るか、裏が出るかって

はあ？　それはまた突然に……どんなイベント？

ポール・マッカートニーかな

見に行った！　すごかった

「サンキュー、トウキョー！　レリビー！　バンドオンザラン！　アイシアッテルカイ！」

なんか違う

「みんな立って！　いっせいに100円玉を投げて、裏が出たやつは座るんだ！」

まあ、カタいことは言わないで。とにかく、100円玉を投げて裏が出た人だけ座るとしたら、何人が座ることになる？

「イエーイ」……ないない

お、中学のときに習った確率を使うときだっ！　裏の出る確率は2分の1だから、5万人の2分の1で2万5000人くらいの人？

だね

うーん、でも確率ではそうだけどさ、もしかして超偶然に、全員が表を出したりして‼　超偶然でみんな立ってるとか！

あのね、5万人もいると、そんなことは起きないんだよ。もちろん、ぴったり2万5000

0人とは限らないけど、だいたいそのくらいの人数になる。元の人数が多いと、大きく違ったりはしないんだ

そ、そうなんですか。まあだから偶然にみんな表が出た！とか、そういうなにかが起こると嬉しいわけじゃないすか

10人くらいだって、全員が表を出すことはまずないでしょう？

うーん、それはそうだろうけど、夢がないっていうか

「残ったみんな！　またいっせいに１００円玉を投げて裏が出たやつは座るんだ！」またですかぁ……、えっと、確率で考えてみると2回目は、残った2万５０００人のうちの半分の人が座るから――

1万２５００人くらいかな

ここまでで、座ったのが3万７５００人で、残ってるのは1万２５００人

立ってる人が放射性物質の原子で、裏が出て座った人は放射線を出して別の原子に変わったと考えてみて

裏が出たとたんに、イケイケ気分がしぼんでしゅーんと

放射能がなくなって、おとなしく座る。で、これを何回も繰り返すとするじゃない。自分

にいつ裏が出るかはわからないよね

うん

だけど、人がたくさんいれば、立っている人の数がどう減っていくかはだいたい予想がつく。100円玉を投げるたびに、残ってる人は半分に減るよね。これを「半減期はコイン投げ1回」って言うことにしよう

あー、全員が表を出すとか、全員がいきなり裏を出しちゃう偶然があってもいいじゃないと思ったけど、そんなに偶然が重なって放射線が一度に出ちゃったり、ずーっと出なかったりすることはないわね、確かに。やっと納得した。確率で考えていくと、そういう減り方が自然ってことか。コインを投げるたびに、立ってる人は半分になるのね

そうそう。半分の半分の半分っていう具合に減っていく

で、このコインで言うと、半減期って「時間」じゃなくて「1回」なの？

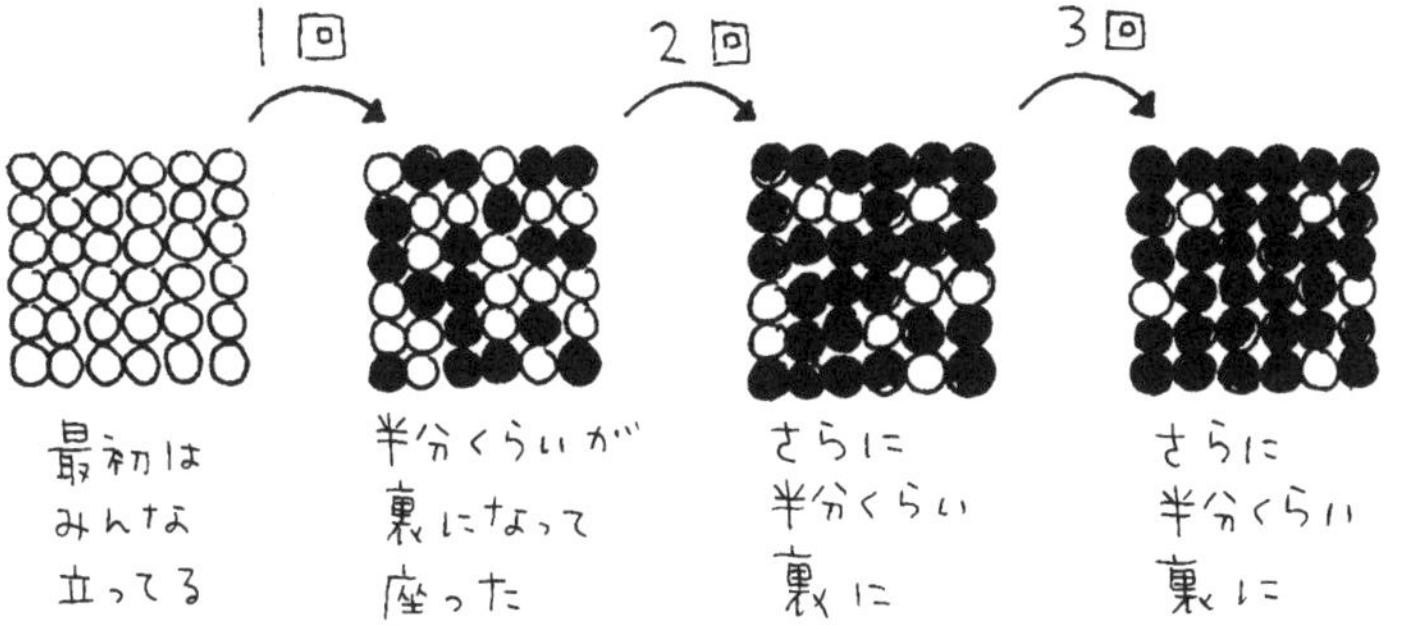
1回
2回
3回
最初は
みんな
立ってる
半分くらいが
裏になって
座った
さらに
半分くらい
裏に
さらに
半分くらい
裏に

１００円玉を１秒に１回投げると思えば、「半減期は１秒」だね

ほほー。じゃあ、コインを投げるということは放射性物質では何にあたるのかな？

量子力学という理論で考えると、放射性物質の原子は、それぞれが自分のコインを投げ続けてるようなものなんだよ

ふーむ、じゃあ、そういうことにしておいてあげましょう。それなら、半減期がさまざまなのは、何にあたるのかな

１００円玉では裏と表しかないけど、サイコロを振ることにしたら、６面あるから、１が出る確率は６分の１だよね

今度はサイコロを東京ドームで

「ダイスをころがせ！」

それはローリング・ストーンズの曲だし

「１が出たやつは座るんだ！」

そしたら、座るのは６人にひとりか

もっと極端に、たとえば１００面のサイコロがあるとするじゃないですか

作れそうにないけど

作れなくても考えることはできるよね

1回サイコロを振って座る人が、今度は100人にひとりに減るのか。ということは、半分の人が座るまでに何度もサイコロを振らなくちゃならないね。さすがにもう全員が1を出すロマンは持ちにくいか……

計算してみると、半分の人が座るまで、70回くらいサイコロを振らなきゃならない

ひゃー、半減期はだいたい「100面ダイス投げ70回」ね。1秒に1回振るなら、70秒

半減期が長い原子ほど、面の多いサイコロを使ってるって考えてみて

なるほどー。つまり、いつ壊れるのかは振ってみるまでわかんないということで、壊れやすさはサイコロの面の数の違いだと思えばいいんですね

そういうこと

セシウム137は30年たつと元の半分になって、も

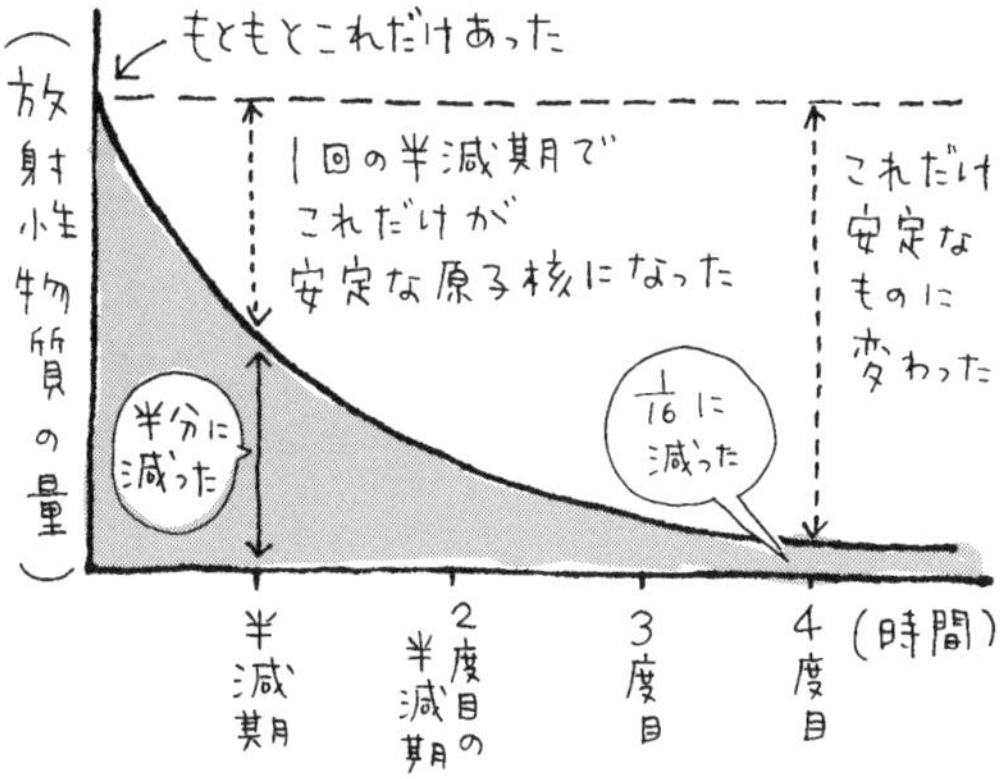

う30年たつとそのまた半分になるんですよね

半減期っていうのはそういう意味

半減期の2倍たつと全部なくなるっていう意味じゃないと

原子は崩壊するまでずっと同じサイコロを振り続けるんだよ

放射性物質の原子は時間で劣化するものじゃないってことだわ

だんだん腐って壊れやすくなるわけじゃないんだ。壊れやすさはいつでも同じ

不安定なまま、壊れやすいまま何万年もずっと（くらくら）

たまたま長く残ったやつはそうだね

へえ。天然のものって長いのですね

自然界にある放射性物質は、地球ができたときからあるから、壊れやすいものはとっくになくなっていて、今でも残ってるのは半減期が長いものなんだよ

なーるほど。長いのしか残ってないから半減期長くて当然なんじゃん！

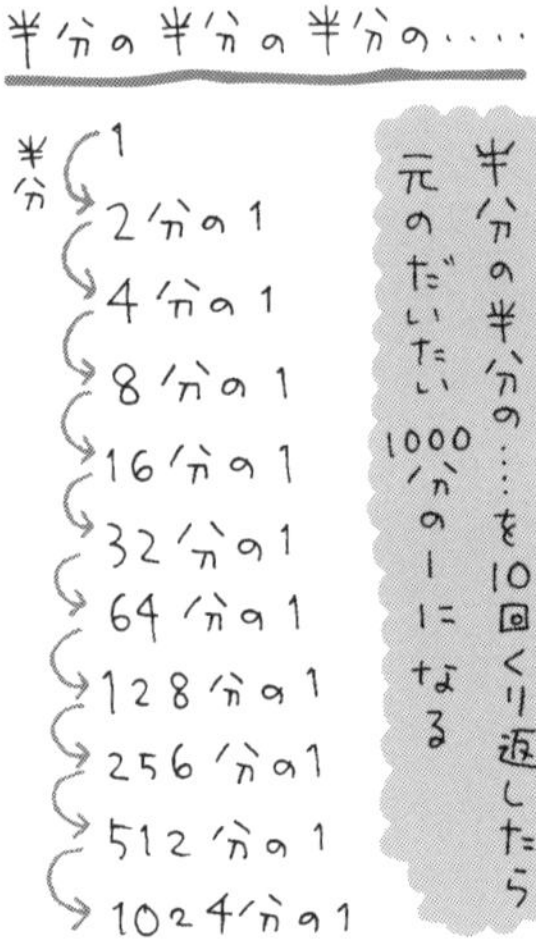

例外は炭素14かな。これは空気中でいつでも新しくできてるから、自然のものにしては半減期はわりと短くて、５７３０年。トリチウムなんかもそう

空気中？　おそらでできてるってことですか

宇宙から降ってくる宇宙線という粒が空気の分子に当たってできるのですよ

へえ、そんなことがいつも起きてるんだ、このワレワレの空で……。あれ、ラドン温泉のラドン２２２も短いですよ。自然にあるものなのに、４日くらい

ああ、ラドン２２２はね、自然にあるウラン２３８が、何度かの崩壊を経てラジウム２２６になって、それがさらにα線を出してできる。ウラン２３８の半減期が45億年あるからね。つまり、ウラン２３８が細々と崩壊し続けてラジウム２２６になって、ラドン２２２ができるわけ

そうか、ラドンになるまでに長い時間がかかってるのね

ラドン２２２が崩壊するとポロニウム２１８になって、これにもまだ放射能がある

ふくざつー。それにしても、半減期45億年なんて、どうやって測るんですか。すごく疑問に思ってた

半減期が45億年だと、１年間で１００億個に１個くらいが壊れる勘定だから

だからって、誰がどうやって観察してるんですか。原子を100億個集めても、めったに放射線は出ないんですよね

もっとたくさん集めれば、実験室でも放射線が測れるよ

集めて？　そんないっぱい？　それをやってる人が実際、いるのですかっ？

カリウム40なら、ガイガーカウンターがあれば家でも試せる。減塩用の食塩ってあるじゃないですか

うん、両親の食事に使ってた

あれはナトリウムを制限しなくちゃならない人のために、塩化ナトリウムの代わりに半分くらいを塩化カリウムにしたものなんだよ。この食塩100グラムの中にはカリウムが30グラムほど含まれてて、そのうちの0・01パーセントが放射線を出すカリウム40

0・01パーセントって、すごく少ないですよね、そんな量でも測れるの？

重さでいうと、この塩100グラムの中にカリウム40は0・003グラム

すくな！　カリウム40の半減期は、えーっと、13億年もある！

でも、0・003グラムのカリウム40って、原子の数でいうと5000京《ケイ》個くらいだよ

えっ、そんなにあるの？　5000京って……

京は1兆の1万倍。だから、5000京個は1兆個のそのまた5000万倍

1兆の1万倍って、想像できない。クラクラ

想像できないくらい多いんだけど、それでも、原子の数としては少ないほうなんだ。コップ1杯分の水の分子の数なら、1兆の5兆倍くらいあるから

1兆の5兆倍ものつぶつぶをごくごく！

それに比べればずっと少ないでしょ？

少ないでしょと言われましても、はあ

10万倍くらい違うよ

は、はあ

でも、5000京個のカリウム40があれば、毎秒900個くらいが壊れてβ線を出す。確かにカリウム40の半減期は13億年もあるけど、このくらい数が多ければ、ガイガーカウンターを当てるとちゃんとβ線が検出できるよ

原子の数ってスケールが大きすぎて、やっぱりわたくしの脳内では想像ができないなあ

つまり、半減期がものすごく長くても、原子の数がたくさんあれば、しじゅう崩壊して放射線が出る。**どれだけ放射線が出るかは、半減期と量との兼ね合い**だね

たとえば半減期2万4000年のプルトニウムがひとつぶあっても、私の生きてるうちに崩壊する確率はすごく低いけど、それがたくさんあったら、どれかは崩壊する……

そうだね。だから、**問題は「放射性物質があるかないか」じゃなくて、「放射性物質がどれくらいあるか」**なんだよ

よく「量が問題」っていうのは、そういうことだったんですね。半減期を変える方法があればいいのにね

そういう方法があれば、放射性物質対策もずいぶん違ったものになるんだろうけど、残念ながらそんな画期的な方法はないんだ

6　からだのなかの放射性物質——生物学的半減期のこと

放射性物質を食べたり吸い込んだりするとどうなるのかも、いまひとつよくわからないん

ですよ。ずっと悪さをするイメージがあります

からだに入った放射性物質は、おしっことかうんちでだんだん出ていくから、いつまでもあるというわけじゃないよ

なんか溜まっていくような気がしてしまうんですが

溜まったままじゃなくて、だんだん出ていく。塩だって、毎日食べてもからだの中でどんどん濃くなっていくわけじゃないでしょう。汗とかおしっこで出ていくよね。ただ、放射性物質にも出ていきやすいものと出ていきにくいものがあって

お塩みたいにはいかないのか

たとえば、セシウムは食べた分がほとんどからだに吸収されるんだけど、どんどんおしっこで出て行くから、大人なら１００日くらいで半分に減っちゃう

大人と子どもでは違うってこと？

子どものほうが代謝が速いじゃないですか。だから、からだに入ったセシウムが出ていくのも速い。５歳児なら１カ月くらいで半分に減るらしいよ。１歳なら２週間くらい

なんか少し安心。それは１３４？　１３７？

からだはそのふたつを区別できないから、同じなんだよ。これがストロンチウムになると

話がだいぶ違って、からだに吸収されにくい代わりに、吸収されたうちの一部は骨に取り込まれて、なかなか出ていかない。ストロンチウムの性質がカルシウムと似てるからなんだけどね。**からだは似てるものを区別できないから勘違いして取り込んじゃう**んだ

勘違いしないでほしいねぇ

うーん、それはあとでまた話そう。**排泄されて半分に減るまでの時間は「生物学的半減期」**といわれる。さっき話した半減期は「**物理的半減期**」といって、放射性物質の種類ごとに決まってたよね。でも、「生物学的半減期」のほうは種類だけじゃなくて年齢にもよるし、個人差もあるし、体調にもよる。さっきの100日くらいっていうのも、平均してそのくらいという意味

あのですね、物理的半減期は、みんながサイコロを振り続けるようなものだという話で納得できたんですけど、おしっこで出るほうも半減期だっていうのがちょっとわからない

というと？

たとえば、おしっこ1回で半分出ちゃったら、次の1回

セシウムの生物学的半減期

年齢	
3カ月	16日
1歳	13日
5歳	30日
10歳	50日
15歳以上	100日

セシウム134でもセシウム137でも同じ
(ICRP pub. 67を参考にした)

で残り全部が出ちゃいそうじゃないですか

ああ、そうか。それは確かにそう思っちゃうかも。こういうたとえはどうかな。1リットルの水に塩を10グラム溶かすとするでしょ

1リットルといえば、牛乳パックのサイズですね

で、そこから半分の塩水を捨てます。残った塩の量は何グラムでしょう?

半分捨てたんだから、5グラムに決まってます

そこに水を足して、また1リットルに戻します

おお、なんだかわかってきたぞ。そこからまた半分捨てたら、残る塩は5グラムの半分だ

人間は70パーセントくらいが水だし、おしっこをしたら、その分だけ水分を補給するじゃない

そういうことか。薄まるから、おしっこに出る量も減るんだ

そんなわけで、**からだに取り込まれた放射性物質は、物理的半減期と生物学的半減期の両方で減っていく**わけ

崩壊と排泄のふたつで。それは人間だけじゃなく、牛とか鳥とか魚でもおんなじ?

排泄されて減るのは同じ。もちろん、排泄で減る速さは動物の種類によって違うよ。川魚

と海の魚でも違う。川魚はセシウムを排泄しにくいみたい

川の魚と海の魚では違うっていう話は聞きました。海の魚は塩分を出しやすい仕組みがあって、セシウムもそれで速く出ていくとか

そうらしいね。セシウムはナトリウムと性質が似てるから。減る話をしたから、ついでに、からだのどこに集まるかという話もしようか

はい

さっき言ったように、ストロンチウムは骨に集まる。これはストロンチウムの性質がカルシウムと似てるから。セシウムはどこか決まったところに集まるというよりは、全身の筋肉にまんべんなく広がる感じ。カリウムがそうだから、カリウムに似たセシウムもそうなる。性質が似た元素は、からだが勘違いしちゃうんだ

また勘違い。「性質が似てる」っていうのはどういうことなの?

元素の周期表で縦にならんでる物質は性質が似てるんだ。ナトリウム、カリウム、セシウムは全部いちばん左の列にあるでしょ。この列にある原子は「アルカリ金属」って呼ばれてる。塩化カリウムはしょっぱいから塩の代用になるんだよね。塩は塩化ナトリウムだけど、カリウムとナトリウムの性質が似てるから、塩化カリウムもしょっぱい

この列は、しょっぱい列？

んー、全部食べる気にはならないから、知らないや。でも、しょっぱいかどうかと放射能があるかどうかとは関係ないんだ。放射性のカリウムでも放射能を持たないカリウムでも塩化カリウムになるし、どちらもしょっぱい

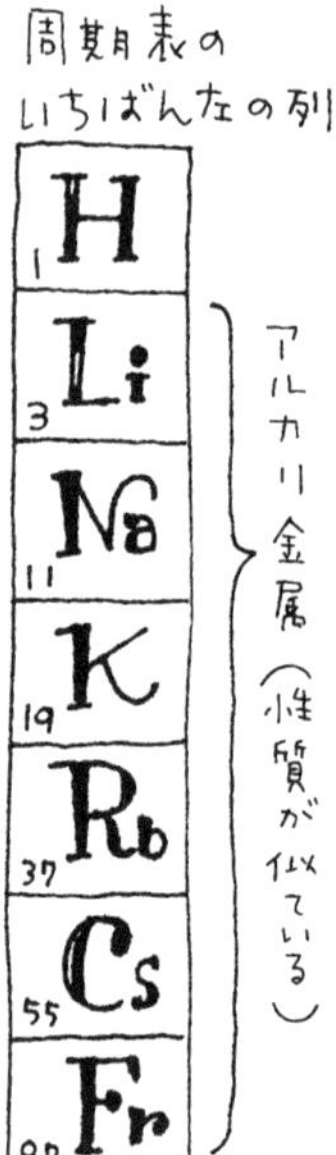

放射能があってもなくてもお塩っぽい……

そう。さっき放射性ストロンチウムはカルシウムに似てるから骨にたまると言ったけど、実は放射性じゃないストロンチウムは骨の中に結構入ってる。放射性じゃないストロンチウムはありふれた物質なんだよ

うーん、「ありふれてる」っていう言葉のニュアンスが、いまいちわからない

「ありふれてる」というのは、自然界にたくさんあるということ。たとえば、放射能のないストロンチウムがどれくらいありふれてるかと言えば、花火の赤い色はストロンチウムが燃えてる色なんだ

花火にストロンチウムが入ってるんですか

ストロンチウムはそれくらい身近にある物質だから、僕らのからだの中にも入ってる。からだの中にある物質としては「微量元素」って言われるもののひとつだね

微量だけど、からだの中にあるんだ。ストロンチウム90は人工の放射性物質なんですよね

でも、からだにとっては放射能があろうがなかろうがストロンチウムなのですよ

さっき言ってた、カリウム40を取り込んじゃうのと同じこと？

カリウムはからだに欠かせないだいじな物質だけど、自然界にあるカリウムの中には必ず放射性のカリウム40が混じってるよね。からだは、カリウムに放射能があるかないか区別できない

セシウムも、自然界にあるのは放射能がないんですよね。それもからだの中にあるのかな

セシウム133も僕らのからだの中にちょっとだけあるね。微量元素よりもっと少ない超微量元素っていうやつみたい。これはからだに必要なんじゃなくて、カリウムと似てるから取り込まれてるだけだと思う

やっぱり、からだにとっては放射能があるのもないのも変わらない

そういうこと。それから、甲状腺が問題になったのは、甲状腺にはヨウ素を積極的に取り込む性質があるからだね。**甲状腺もヨウ素が放射性か放射性じゃないかを区別できないか**

ら、からだに入ったら取り込んでしまう

自然でも人工でも放射性でも放射性じゃなくても、からだは区別できない。だから大変なんですね

7　単位と大きさのこと

震災後の原発事故以降、これまで知らなかった言葉がたくさん出てきたけど、イマイチちゃんと理解できてないうちに使ってしまったのは、きっと私だけじゃないと思うんです

数字の意味や単位の見かたとか、最初のうちはマスコミもずいぶん混乱してた

セシウムとかベクレルとかヨウ素とかシーベルトとかがいきなりどばあーーってやってきた。マイクロとかミリとかガンマとか、キーボードで打ったことも変換したこともなかったものばかり

これまで縁がないと思ってた知識が突然必要になると、うろたえちゃうよね。数字もそうで、ものすごく大きい数字とものすごく小さい数字が出てくるけど、そもそもどれだけ小さいのか大きいのかもわからないでしょう

そうそう。何に対してどう大きいと考えればいいの？って

ふだん見慣れない大きな数字だからといって、ほんとうに大きいとはかぎらないからね。１ミリメートルだって、単位を変えたら１００万ナノメートルだ。でも、ついつい数字の桁数だけで判断しちゃったり

うん。桁も単位も見慣れてないから、情報を間違えて解釈したりっていうのが続出しましたね。私もミリとマイクロを間違えたりしました

マイクロはミリの１０００分の１なのに、「１ミリシーベルト」よりも「１００マイクロシーベルト」のほうが多いような気がしたり。それはしょうがないと思うな

汚染についての記事にはミリもマイクロも一緒に出てくるけど、これまでそんなの気をつけて見る習慣なかったもん。数字のあとについてる単位でぜんぜん違うなんてねえ。シロウトは単位よりも、つい数字のでかい方に気をとられてしまうのだな

ゼロがいっぱい並ぶと数えるのが大変だから、そうならないように、ミリとかマイクロと

かナノとかを使うんだけどね。慣れると便利だけど、慣れてないと大きさの感覚がつかめない

ゼロがたくさん並んでるのも、単位も……どっちもよくわからないや

日本語だと、万、億、兆、京って、4桁ずつ増えるじゃないですか。1万倍ごとに名前がついてる。でも、**科学で使うキロとかメガとか、あるいはミリとかマイクロとかって、3桁ずつ変わる**んだよね。1000倍とか1000分の1で名前が変わる

それもわかりにくい理由のひとつだな

1000倍ずつ違うというのがどれくらいのものか、感覚がつかみにくいよね

1ミリリットルと1リットル、1メートルと1キロくらいのスケールなら、ついていける。1000倍だからというより、単位そのも

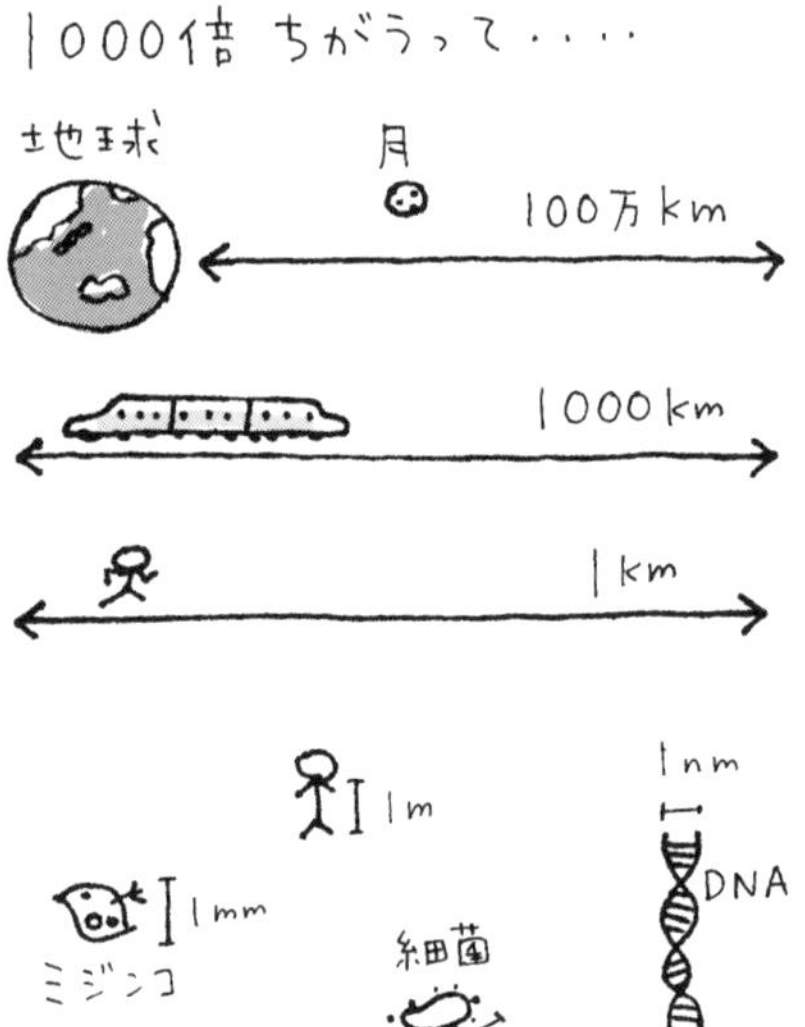

のに慣れてるから

1キロメートルは10分で歩けるくらいの距離だけど、東京から1000キロメートルなら青森に着いちゃう

大きくなるとよくわかんなくなってくるね

1000キロメートルのその1000倍は100万キロだよね。月までが38万キロだから、そのざっと3倍

うう、いきなり宇宙。そうなるともう想像圏外のスケールだなあ。でっかい、途方もなくでっかい、というだけ

1000倍違うと、とたんに想像を絶するスケールになってしまう。小さいほうも、1ミリメートルなら爪の先くらい

女子は爪が長いから爪が1ミリって感じしないですよ。シャーペンの芯が0・5ミリでしょう……

ピコからペタまで

1ペタ（P）＝1000000000000000（1000兆）
1テラ（T）＝1000000000000（1兆）
1ギガ（G）＝1000000000（10億）
1メガ（M）＝1000000（100万）
1キロ（k）＝1000（千）
1
1ミリ（m）＝0.001（千分の1）
1マイクロ（μ）＝0.000001（100万分の1）
1ナノ（n）＝0.000000001（10億分の1）
1ピコ（p）＝0.000000000001（1兆分の1）

僕はすぐに爪が割れてしまうから、1ミリくらいしかのばせないなあ。ミジンコの大きさが1ミリくらいかな

ミジンコ。それも馴染みがない……

1ミリの1000分の1は1マイクロメートル。大腸菌とか細菌の大きさがだいたいこれくらい。顕微鏡を使わないと見えない大きさ

ああ。もう見えない世界だと、よけいわかんない

そのまた1000分の1は1ナノメートル。ナノって名前だけはよく耳にするようになったけど、ナノメートルのものは電子顕微鏡じゃないと見えない。普通の顕微鏡ではまったく見えないんだ

普段見慣れてる大きさよりも、もっと大きくても小さくても、1000倍違うといきなりキますね

人の数で言うと、1000人は学校の生徒数くらいで、その1000倍なら仙台市の人口。さらにもう1000倍すると中国やインドの人口になっちゃう

やっぱりいきなりクるなあ。それくらいスケールが違うものを扱ってるのかあ

8　ベクレルってなに？

単位の二大ニューフェイスは、なんといってもベクレルとシーベルトです

違う単位なのに比べてしまったりしたね

単位が違うのに比べるって相当無茶な話ですけどね。だって、よく知らないんだもん

ベクレルは食品の中の放射性物質の量とか、からだの中の放射性セシウムの量が話題になるときに出てくる

野菜から何ベクレル検出されたとか

食品1キロ当たり何ベクレルとか。**ベクレルは「そこにある放射性物質の原子が1秒間に何個壊れるかを表す単位」**なんだけど

大事なことですね、これ。ベクレルは放射性物質の原子が1秒間に何

Bq
ベクレル

個壊れるかを表す単位。「そこにある」というのは？

その地面1平方メートルにくっついてるセシウム137とか、ここの土1キロの中にあるセシウム137とか、この食べ物1キロの中に含まれているセシウム137とか、そういう意味

ああ、そうか、特定の場所やものにどれだけあるかってことか

それを表す単位。僕のからだの中にはどれだけあるか、とか

壊れる数っていうのは、原子の数とは違うんですよね

たとえば、セシウム137が目の前にたくさんあったら、1秒ごとに壊れる数も多くなるでしょ？

たくさんあったら、そのぶん多く壊れますわね

セシウム137の数が2倍になったら、1秒間に壊れる数は？

あ、そうか。2倍になりますね

だから、毎秒何個壊れるかっていうのは、原子の数と関係がある。2ベクレルなら、1ベクレルの2倍の原子があるわけ

壊れる量がわかれば、どのくらいのセシウムがあるかもわかる？

壊れやすさは半減期でわかっているから、１秒に何個壊れるかを測ると、セシウム１３７が何個あるかもわかるよ。つまり、ベクレルは放射性物質の量を表してる

ふむふむ

セシウム１３７が１ベクレルあるというのは、原子の数でいうとだいたい10億個くらい。１０００ベクレルなら１兆個

ひゃあ。個数で数えるとすごいことに

でも、さっき言ったとおり、原子や分子の数で１兆っていうのは、ものすごく少ないから

そのへんが私たちにはよくつかめないから、またビビった。どうも億とか兆とかそのへんぜんぶ「おっきい」だな

数の大きさが日常の感覚とは全然違っちゃってるから、実感がないよね。でも、放射性物質の原子が何個あるかとか何グラムあるかとかが知りたいわけじゃないでしょう？　それよりは放射線がどれくらい出るかが知りたいじゃない

確かに、どの物質が何グラム降ってきましたと言われても、よくわからない。これだけ放射線が出てますよと言ってもらったほうが、まだわかりやすい

たとえば、同じセシウムといっても、１３４と１３７では、半減期は全然違うよね

セシウム134は2年で、セシウム137は30年だから、15倍

原子の数が同じなら、1秒間に壊れる数はセシウム134のほうが15倍多いわけ。でも、1ベクレルなら、それがセシウム134でも137でも、1秒に1個が壊れてバリウムに変わる

ということは、セシウム134と137のベクレルが同じなら、数が違う？

ベクレルが同じなら、数で言うと137のほうが15倍ある。放射線が出るのは原子核が壊れるときだから、個数で考えるよりも、壊れる数を表すこの単位のほうが便利なんだ

ベクレルが同じなら、出てくる放射線の数も同じ？

いや、1個の原子核が壊れたときに何個の放射線が出るかは、放射性物質の種類によるんだ。といっても1個出るか2個出るか3個出るかくらいの違いだけどね

そうか、それでも何グラムあるって言われるよりはわかりやすい

特に食べ物の話のときはそうだよね

1キロ当たり何ベクレルありますよとか……

この肉は1キロ当たり50ベクレルのセシウムが入っていますよとかね。その肉を100グラム食べたら、5ベクレルのセシウムがからだに入る

そういうことなんだー

ホールボディカウンターという機械で測ると、からだの中に放射性物質が何ベクレルあるとか、体重1キロ当たりで何ベクレルになるとかがわかる。さっき、カリウム40は、からだの中にいつでもあると言ったじゃないですか

放射性とそうでないのが分けられずに存在してる、と

体重60キロの大人でカリウムがだいたい140グラムくらい

そんなにあるの！

もちろん、そのほとんどは放射線を出さないカリウムだけどね。毎日食べるカリウムの量は3グラムくらいだって。カリウム1グラムには放射性のカリウム40が30ベクレルぐらい入ってるから、毎日100ベクレル程度は食べてるわけ

はあー。「1ベクレルも食べたくないっていうのはそもそも無理」っていうのはそういうことなんですね

カリウム40は避けようがないよ。米でも野菜でも肉でもなんにでもカリウムが入ってるし、からだには必須のミネラルだから

混じってるというのは、さっきも言ってましたね。重要なミネラルの中に、放射線を出す

のがかならず混じってる、と

大人のからだには、4000ベクレルくらいのカリウム40がいつでもあるんだ

4000ベクレル。そんなに。カリウムがたくさん入った食べものを食べると、たくさん被ばくしちゃうの？　バナナとかにいっぱいあるらしいじゃないですか

からだの中のカリウム量は一定になるよう、きちんとコントロールされてる。ということは、カリウムを摂りすぎたら、からだは余分なカリウムを速く出そうとするし、少なかったら、それがからだから出てくのを遅らせる。そうやって調節してるわけ。だから、バナナをたくさん食べても、カリウム40で内部被ばくする量は増えないと思っていいよ

そっか

炭素14とか、ほかの放射性物質も合わせると、だいたい6500ベクレルくらいの放射性物質がからだの中にある

ええっ、そんなに！　知らなかったなあ。じゃあ、まとめると、「ベクレルは放射性物質の原子が1秒間に何個崩壊するかを表す単位で、量を表すもの」でいいのかな？　食品とかで気をつけなくちゃならない基準は、この単位で表してるんですよね

そういうこと

何回崩壊したら安定になるかは、ものによって違うという話は先ほど聞きましたけど、この１ベクレルというのは、その崩壊の回数でカウントするのか、それとも無害な物質になるまで崩壊して安定するまでなのかがわからない

たとえば、セシウム１３７が崩壊すると、β線をひとつ出してバリウム１３７になるよね。ただ、さっきも言ったように、このバリウム１３７は不安定で、さらにγ線を出して安定になるんだけど、その半減期はたった３分なんだ

３分！　短い！

つまり、セシウム１３７はβ線を出したら、即座にγ線も出すわけ。だから、ひとつのセシウム１３７はβ線とγ線をひとつずつ出して、安定なバリウム１３７になると考えておけばいいよ

ふーん。いま問題にされている放射性物質に限っては、そこまで考えなくてもいいということかな？

そうだね。セシウム１３７が１ベクレルあれば、毎秒β線１個とγ線１個が出るということだよ

そう思っておきます

9 ふたつのシーベルト――等価線量と実効線量

お次はシーベルト（Sv）ですかね。たとえば原発事故でどれくらい被ばくしたかというときに出てきます

今さらだけど、被ばくっていうのは放射線を浴びることだよ

原爆の被爆とは、漢字で書くと違いますね

放射線による被ばくの量を表すのがシーベルトという単位。だけど、シーベルトはなかなかくせものでさ、同じ単位を使ってるのに意味の違う「被ばく量」がいろいろあって、ニュースでもよく混乱してる

Sv
シーベルト

シーベルトって、いろいろあるの？

シーベルトで表す被ばく量には、大きく分けると、実効線量と等価線量の2種類があるん

だよ

実効線量と等価線量。どう違うかわからない

おおざっぱに言うと、**実効線量のほうは、からだ全体への放射線の影響の大きさ**

影響の大きさって、どういうことだろう？

100ミリシーベルト（mSv）被ばくすると、がんによる死亡率が0・5パーセント増えるという話を聞いたことがあるでしょ。

ああ、「身体への影響」ってそういうことか

この100ミリシーベルトっていうのは実効線量のほう

ふーん。じゃあ、もうひとつの等価線量のシーベルトは？

たとえば2013年1月28日に共同通信が配信したニュースがこれ。
「東京電力福島第1原発事故で、周辺の1歳児の甲状腺被曝（ひばく）線量（等価線量）は30ミリシーベルト（mSv）以下がほとんどだったとの推計結果を放射線医学総合研究所（千葉市）の研究チームがまとめ」

甲状腺被ばく線量が30ミリシーベルト以下というのは、えーと、どういうことでしょう。30ミリシーベルトって、すごく大きい数字じゃないですか？

避難する基準が1年間の被ばく量20ミリシーベルトなのに、それよりもだいぶ大きいじゃないかってことだよね

はい。両方の数値を比べて考えると1歳の子どもに30ミリシーベルトというのはびっくりしちゃう

年間の被ばく量20ミリシーベルトっていうのは実効線量で、甲状腺のほうは等価線量。このふたつは違うものだから、そのまま比べるわけにはいかないんだよ

えーっ、それを知らないと、単純に比較して考えちゃう

そのまま比べて驚いている人は多いと思うよ。紹介した共同通信の記事は、ちゃんと「等価線量」って書いてるけど、書かない新聞もあるし

その違いを知りたいなあ。同じシーベルトだからわかりにくいもの

わかりにくいよね、これは

郡山の実家の庭や部屋の中を測ったときの数値もシーベルトじゃないですか。たとえば、庭を測ったときはマイクロシーベルト毎時《まいじ》（μSv/h）という単位ですよね

あれは空間線量率と言って、その場所での放射線の強さだよ。その場所に1時間いると、どれくらい外部被ばくするかを表してる。単位はシーベルト（Sv）じゃなくて、シーベル

トは毎時とかシーベルトパーアワー（Sv/h）とか言う

空間線量率。率を略して「空間線量」って言ったりするんですよね

率はだいじなんだけど、略すことも多いね。外部被ばくと内部被ばくの違いはわかる？

ええと、**地面とか空気中にある放射性物質から放射線を受けるのが外部被ばくで、食べたり吸い込んだりしてからだの中に入った放射性物質から放射線を受けるのが内部被ばく、**かな

そうだね。**外部被ばくも内部被ばくも、からだへの影響は実効線量で考える。**空間線量率というのは、外部被ばくの実効線量を知るためのものだと思っておけばいいよ。原発事故の直後はともかく、今はもう空気中にただよってる放射性物質はほとんどないから、気になるのは地面にある放射性物質からくる放射線による外部被ばくだね。

それから、内部被ばくでは、預託実効線量というのを使う

ややこしいなあ。ひとつずつ教えてください

ややこしいけど、がんばろう！　そもそも、からだの中で放射線がどうして悪さをするのかというと――

知ってる知ってるっ！　放射線がDNAを傷つけてしまうからでしょ

Sv/h
シーベルト毎時

う？　こわいこわい

それはそうなんだけど、α線でもβ線でもまずは細胞の中の原子や分子に次々とぶつかって、電子をはじき飛ばす

電子をはじき飛ばす？　ＤＮＡをズバッと刀で切り裂くようなイメージがあったんだけど、違うの？　電子ってどの電子？　電子、気になる

これはぶつかった原子のまわりをまわってる電子だよ

β線じゃなくて、普通の電子かー

そうだね。さっきも言ったように、γ線はいったんβ線を作り出して、それがやっぱり原子に次々と当たって電子をはじき飛ばしていく。細胞の中には水分子がたくさんあるじゃないですか。水分子の電子がはじき飛ばされると、最後には活性酸素ができるの

あ、活性酸素って、細胞を老化させるとかアンチエイジングの敵だとかいうあれですね

そういう話によく出てくるね。活性酸素はほかの分子と反応しやすくて、ＤＮＡを傷つけるんだ

放射線が直接傷つけるんじゃなくて、そういう仕組みだったのか

放射線がＤＮＡを直接攻撃することもあるけど、**β線とγ線の場合、活性酸素がＤＮＡを**

攻撃するほうが多い。いっぽうα線は、DNAを直接壊す作用が強い。いずれにしても、細胞の中にある原子から次々と電子をはじき飛ばして悪さをする。電子をはじき飛ばすということは、放射線のエネルギーを電子に分け与えちゃうということ

分け与えちゃうということは……電子がエネルギーをもらったら、ものすごーく元気になってチカラがありあまってぴゅーって出て行っちゃうということかな

そうそう、エネルギーをもらって勢いがつくと、それまで原子にしばりつけられていたのが、ぴゅーって飛び出しちゃう。だから、からだが受けるダメージは、放射線のエネルギーをどれだけ受けたかなんだよ

じゃあ、シーベルトって、そのエネルギーと関係あるの？

放射線が当たって、からだのどの部分がどれくらいのエネルギーを受けたか考える。甲状腺がどれだけのエネルギーを吸収したか、とか。ただし、エネルギーが同じでも、β線やγ線よりもα線のほうが、からだへの影響は大きいと考えられてる。というのも、重たくて大きい粒ががつんと当たるから

皮膚で防げるんでしたよね

さっき言ったように、からだの外から飛んできたα線は皮膚の表面で止まって、そこでエ

ネルギーをなくすから、からだの中に影響が及ぶ心配はないんだ。でも、放射性物質がからだの中にあったら、細胞の中の原子にがんがん当たって、たくさんの原子から電子をはじき出すでしょ。だから**α線って、外部被ばくの心配はしなくていいけど、内部被ばくには特に気をつけなくちゃならない**

からだの表面には皮膚もあるし、服も着てるけど、体の中は無防備

そこで、からだへのダメージはエネルギーの大きさだけじゃ測れないと考えて、同じエネルギーでも、α線はβ線やγ線よりも20倍ダメージが大きいってことにした

20倍！　そう見積もるんだ

そう。いちいち分けて考えるとめんどうだから。α線から吸収したエネルギーは20倍大きいことにしてしまえば簡単でしょ。こうやって、からだが吸収したエネルギーのうち、α線の分を20倍してほかと合計したものを等価線量と呼ぶ

からだが受けるダメージは放射線の種類で違うから、ぜんぶをβ線と考えればいいように、わかりやすくしたってことかな

そう、それで「等価」って言うわけ

なるほど

ニュースに等価線量が出てくるのは、たいてい甲状腺等価線量だね

ただの等価線量と甲状腺等価線量は、また違うのね

等価線量は、からだの臓器ごとに考えるんだよ

臓器ごととはまた面倒な

放射性ヨウ素は甲状腺に集まるから、ヨウ素の影響はほとんど甲状腺だけを考えればいい。だから、放射性ヨウ素の話題では、甲状腺が受けた等価線量が出てくる。ひとつ注意しなくちゃならないのは、**等価線量はいつでも1キログラム当たりで考える**ってこと

キロ当たりのお肉の値段なら見当がつくが……

甲状腺って、大人でも20グラムくらいしかないじゃない

えーっ！　そんなにちっちゃいんだ

ちっちゃいんだよ。そういう、ちっちゃな臓器でも、もしそれが1キログラムあるとしたらこれだけのエネルギーを吸収しますっていう勘定をする

ちょっとややこしいですね。なんで、そんなことをするのかなあ

甲状腺の大きさって、人によって違うじゃないですか

はい

大人と子どもでも大きさが違うよね。だから、**同じ重さにして比べる**のね。大きくても小さくても1キログラム当たりにする

はあ？　1キログラム当たりに換算したものがシーベルト？

そう、シーベルトっていうのは、吸収したエネルギーを1キログラム当たりに換算したときの単位

やっぱりややこしい

甲状腺の重さは大人で20グラムくらいなので、それを1キログラムにすれば、甲状腺等価線量は甲状腺が実際に吸収したエネルギーの50倍くらいになるじゃないですか

20グラムしかないのに、50倍の数字が出てくるのね

1キログラム当たりにするんだから、そうなるよね

うーん、めんどくさ！　知らずにいると、誤解しますね。ふだん自分のからだの臓器が何キロあるかなんて考えたことないからなー

もうひとつのシーベルトっていうのは、からだ全体への影響を表す「実効線量」。おおざっぱに言うと、これは**いろんな臓器の等価線量をからだ全体で平均したもの**だよ。これも、体重1キログラム当たりで考える

臓器と言っても、それぞれ大きさもダメージもちがうから、平均するということでしょうか

そう。ただし、放射線の影響を受けやすいところや受けにくいところがあることも考える。たとえば甲状腺が20グラムで体重が60キロなら、甲状腺の重さは体重の３０００分の１だから、甲状腺の被ばくがからだ全体にどれくらい影響するかと言えば、甲状腺等価線量を３０００分の１にすればいいかなって思うじゃないですか

ややこしくなってきたけどがんばる

がんばれ！　でも実際には３０００分の１じゃなくて25分の１と考えるんだ

な、なんでまた？　全然違うではないか

甲状腺が被ばくしたことによる影響はすごく大きいと考えるわけ。特に子どもの甲状腺がんが心配だから。そんなふうに、**からだのいろんな部分の影響を考えたうえで、からだ全体への影響の大きさを見積もったものが実効線量**。ニュースでシーベルトと言ったときは、ほとんどはこの実効線量の話をしてる

臓器の中には、甲状腺より被ばくの影響が大きいのも小さいのもあるのかな？

一覧にしたよ

わあ、細かく設定されてるんですね。甲状腺の0・04っていうのは25分の1ってことか

細かく設定されているいっぽうで、じゃあ、その25分の1という数はどこから出てきたかというと、影響の大きさを考えて決めましたっていう、おおざっぱな話でもあるよね

そうか。一応の目安です、的な？

もともとは、がんで死亡するリスクを見積もるためのものだったんだ。甲状腺がんは、がんの中では死亡率が低いんだけど、それでもやっぱり、「生活の質」に影響するでしょう。最近はそういうことも考えて、**被ばくによる損害の大きさを実効線量で表す**ことになってる

クオリティ・オブ・ライフというやつですね。だけど、「生活の質」が言われ出したのって、最近じゃないですか？　がんによる損害の大きさというか、リスクに対する考えって、

実効線量を計算するときの各臓器の割合（組織荷重係数）

生殖腺	0.08
赤色骨髄、肺	各0.12
結腸、胃	各0.12
乳房	0.12
甲状腺	0.04
肝臓、食道、膀胱	各0.04
骨表面	0.01
皮膚	0.01
唾液腺、脳	各0.01
残りの組織・臓器	0.12

各臓器の等価線量にこの割合を掛けて合計したものが実効線量
(ICRP2007 年勧告から)

時代によっても医学の進歩によっても変化してく気がするけど

そうそう。そういうものは科学だけで決まるわけじゃなくて、時代や社会情勢も視野に入れて、総合的に考えないといけないよね。がんだって、昔みたいな「不治の病」っていうイメージとはずいぶん変わってきたわけだし。実際、ＩＣＲＰ（国際放射線防護委員会）が２００７年に出した勧告では、その前の勧告と比べて乳がんの扱いが重くなってる

へぇ！

乳がんの死亡リスクだけではなくて、病気になったときの影響も重視するようになったからだと思う

おっぱいのもんだい。これはじょせいにとっても、だんせいにとってもおおきい！　たとえひんにゅうであってもっ

そこで貧乳をカミングアウトなさらなくても

おーほほほ

でも、そういうことをことさらに取り上げて、非科学的とか政治的とか否定するのは違うと思うよ。リスクの目安としてはよく考えられてるんじゃないかな

人間はできるだけよりよい人生を目指して生きてくものだから、がんによる影響を考える

上では当然必要な要素ですよね

10 何を測ってるの？——空間線量率

空間線量という言葉も、いっぱい出てきますよね

どこそこの場所の線量はこれくらいとかって発表されてるのが空間線量率

空間線量率は、個人で測ってたりもするので、馴染みがありますよね。事故当初は、測定場所も自治体によってまちまちで、問題になりましたね

今は、地上1メートルの高さで測るということで統一されてるけど、当初は測れる場所で測ってたということかな。新宿の測定場所は、ビルの屋上にある。どうしてかっていうと、もともとは、外国で核実験が行われたときにすぐにわかるように、地面の影響を避けて高い所に設置してあったんだ

それまでは測定する目的が違ってたんだ。まさかこんな事故があるとは思ってなかったから

いま測っている空間線量率は、地面に落ちた放射性物質からどれくらいの放射線が飛んでくるかだよね。地上1メートルの高さに測定器を置いて、そこに入ってくる放射線の数を数えてる

何秒間に何個とか？

そうそう。セシウム137からのγ線が測定器に1分間で何個入ってきたかとか。でも、いろんな場所の放射線を測るのは、そこにいるとどれくらい被ばくするかを知りたいからだよね。だから、実効線量を知りたいわけでしょ？

知りたいのは、からだがどれくらい影響を受けるか、ですね

だから、線量計に入ってきたγ線を数えて、それを実効線量に換算してる

へえ。数えてるだけじゃないんだ。あの中でいろいろ計算してくれてるのか

そういうこと。それを1時間当たりに直して、「シーベルト毎時（Sv/h）」で表す。たとえば、空間線量が0・1マイクロシーベルト毎時の場所に1時間いると、0・1マイクロシーベルトの実効線量になるわけ

原発事故が起きてから、ガイガーカウンターを買って放射線量を測った人たちがたくさんいました。ガイガーカウンターというのが放射線を測る器械の代名詞みたいになりましたが、実際にはほかの装置も使われていて、特に今はシンチレーションカウンターというものがよく使われます。

ガイガーカウンターはβ線とγ線に反応しますが、特にβ線に敏感なので、ものの表面が放射性物質で汚染されているかどうかを調べるのに向いています。

シンチレーションカウンターはγ線だけに反応し、空間線量率を測るのにはこちらが向いています。また、放射性物質の種類や量もわかるので、食品の中の放射性物質を測る装置や体の中の放射性物質を測るホールボディカウンターにも使われています。

えっと、その場所で4時間花見をしたとすれば、その4倍の0・4マイクロシーベルト被ばくするっていうことですか

そのくらい被ばくするだろうということ。この「シーベルト」と「シーベルト毎時」の違いは、新聞やテレビでも最初の頃はごっちゃになってた

「毎時」とか「パーアワー」とか、マイクロとかミリとか……

「毎時」はともかく、「パーアワー」なんて言い方も、聞いたことなかったでしょ。たいていの人にとって、初めて聞く単位だったから、混乱したのも無理はないよ。**シーベルト毎時とシーベルトの違いは、ちょうど時速と距離の関係と同じ**なんだよ

さんすう

時速60キロと、距離が60キロというのをごっちゃにする大人はいないでしょう？　時速60キロで4時間走ったら240キロ進む

「時速」なら慣れてるから、たいていの人はわかるはず

それと同じで、**空間線量率はそこに1時間いたらそれだけ被ばくしそうです、という意味**だと考えればいい。もし、0・1マイクロシーベルト毎時の場所に1年間ずっといるとしたら、1年は9000時間くらいだから、1年間の被ばく量はだいたい0・9ミリシーベルトになると予想できる

なるほど。早く教えてほしかったなあ

最初はすごく混乱してたね。時速と距離を比べてどっちが大きいと言ってもしかたないんだけど、そんな話がたくさんあった。早いうちにテレビで簡単な解説をしてくれればよかったんだけど

実際に自分で測定してみたら、同じ場所でも、地面から近いところと胸のあたりの高さでは数値が違ってた

γ線は空気中で100メートルくらい遠くまで飛ぶから、足もとにある放射性物質からのγ線よりも、まわりからやってくる放射線のほうが多いんだ。放射性物質からは放射線があらゆる方向に飛んでいくので、足もとに放射性物質があるとしたら、そこから出た放射線はまわりにたくさん飛んでいくよね

まんべんなくかたよらず、まさしく放射状に

だから、**空間線量は、周囲の広い範囲から飛んでくる放射線を合わせたものを測っている。**遮るものがあったりすると、近い場所でもすごく違うことがあるよ

実家で測った時も、塀のあるなしで数値に差がありました

どれくらい外部被ばくするかは、どういう生活をするかで違ってくるよね。だから、**外部被ばくの量をきちんと知るには、積算線量計とかガラスバッジを身につけておくといいん**だ。それで、過ごした場所ごとの放射線の量をきちんと集計していくわけ

福島の富岡町を訪ねたときにつけたら、数時間で4マイクロシーベルトでした

それが本当に被ばくした実効線量だよ。でも、線量計をずっと身につけてるのは大変だか

ら、空間線量率が目安になる

場所によって線量が違うといえば、側溝の線量が高いのがだいぶ話題になりました

側溝や雨樋の下に放射性物質が溜まって、線量を測るとすごく大きな数字が出ることがある。ただ、そういうふうに放射性物質が溜まっているところの線量は、今まで話してきた空間線量とは分けて考えたほうがいいよ

どう違います？

空間線量を測るのは、そのあたりならどこでもだいたい同じくらいの放射線が飛んでると考えるからだよね。実際、周囲の広い範囲から放射線が飛んできてる。だけど、雨樋の下に溜まってる放射性物質の場合は、そこの放射線量だけが高いでしょ

離れるとすぐに低くなるから、まんべんなく、というのじゃない……

広い範囲に散らばっているのと、狭い場所にかたまっているのとでは全然違う

対策のしかたもちがうってことですね

狭い場所に放射性物質がかたまっているときは、処理もしやすいだろうし。それよりは、**長く過ごす場所の空間線量のほうがだいじ**

ひとりひとりが本当にどれだけ外部被ばくしたかを知るには、ガラスバッジとか積算線量計を身につけます。空間線量計が温度計のようなものだとしたら、積算線量計やガラスバッジは体温計のようなものだと考えればいいでしょう。積算線量計は身につけているあいだの被ばく量をその場で表示してくれますが、ガラスバッジはしばらく身につけたものをメーカーに送って解析してもらいます。

11　食べたらどれくらい内部被ばくする？——預託実効線量

実効線量、空間線量ときました。あと何が残ってます？

あとひとつで一段落だよ。次は食べたり吸ったりして、からだに入った放射性物質の話

内部被ばくの話はしたけど……

その被ばく量について。外部被ばくと違って、放射性物質がしばらくからだの中にあるじゃないですか

生物学的半減期って、さっき話したけど、おしっことかで出るまでは

そう、からだの中にあるあいだは放射線が出るよね。外部被ばくなら、その場所にいるあいだだけ被ばくするんだけど

からだの中にあって放射線が出るということは、セシウムだったらそれが崩壊したときにβ線とγ線が出るんですよね。それが、からだにダメージを与える

セシウム137なら、β線とγ線を1個ずつ出して、バリウム137に変わる

セシウムが食べものの中にあって取り入れてしまったら、それがからだから出ていくまではどうなるのかな？　たとえば1粒のセシウムがほうれん草にくっついてて、それを食べてしまったなら？

セシウム137の原子が1個だけ、からだの中に入ったらということ？

いつ崩壊するかわからないけど、もし、からだの中にある間に放射線を出しちゃったとしたら、それ以上はもう被ばくしないんですよね？

崩壊する前に、おしっこで出ちゃう可能性が高いけど。でも、もしかしたら明日崩壊する

かもしれない。いずれにしても、1回崩壊するだけだよね

うん。でも1個だけじゃなくて、たくさん摂取してしまったときは?

セシウム原子を1個だけ食べるっていうのはありそうにないものね。たとえば食べものに入ってたセシウム137を100ベクレル食べてしまったとするでしょ

今の食品の基準値ぎりぎりなら1キロ分ですね

もちろん、今はそんなにたくさんの放射性セシウムが入った食品は出回ってないけど、たまたまそういうものを食べてしまったとするじゃないですか

元々からだの中にカリウムが4000ベクレルあるって聞いたから、100というのが多いのか少ないのか、よくわかんなくなってきた

さっきも言ったように、カリウム40が4000ベクレルあるというのは、毎日100ベクレルくらい食べ続けてるってことだよ

それを知ってる人と知らない人では、被ばくの受け止め方がやっぱり全然違いますよね

誰でもカリウム40で内部被ばくし続けているから、それはひとつの目安だと思う

前から被ばくしてたから安心っていうわけじゃないけどね。知っておかないとトンチンカンなことになりかねないですね

知った上でどう考えるかだよね。たとえば、放射性セシウムを1ベクレルも食べないための努力みたいなのは無駄だと思うんだ

そうしたい気持ちもわかるけど

とにかく100ベクレル食べたとしましょう。1ベクレルというのは毎秒1個の原子が崩壊するだけの量があるってことだよね。セシウム137がからだの中に100ベクレルあったら、毎秒100個が崩壊して、β線とγ線が100個ずつ出るでしょ

はい。さきほどべんきょーしました

ただ、100ベクレルがずっとあるんじゃなくて、だんだんおしっこで出ていくから、減っていくよね

大人と子どもでは、出て行く速さが違うというやつですね。生物学的半減期

大人の場合、セシウムなら100日ごとに半分に減るから、半分の半分の半分の……と減っていって、3年も経つとだいたい1000分の1に減る勘定だよね。からだの中に100ベクレルあったなら、3年で0・1ベクレル以下に減る

どれくらいで減っていくかは見当がつくと

子どもならもっと速い。だから、今日はセシウム137がからだの中に何ベクレル残って

るはずだから、β線とγ線で何マイクロシーベルト被ばくしたとかって、毎日の被ばく量を考えてもいいんだけど

めんどう……

食べるのが1回だけならまだしもね。だけど、食べた分が全部からだから出て行くまでにどれだけ被ばくするかは、実は食べた瞬間にわかるじゃないですか

100ベクレル食べたらどうなるかが？

そうそう、食べたその日は100ベクレル残ってるから、1日の実効線量が何マイクロシーベルト、100日後は半分に減ってるから実効線量はその半分という具合に、毎日の実効線量はわかる

計算で予測できるというわけですね

うん。からだから全部出てしまうまでの実効線量も、あらかじめわかるわけ。そしたらさ、からだの中にあるあいだの実効線量を全部足しちゃって、食べたときにそれだけ被ばくしたことにすれば簡単じゃないかっていう考え方もできるよね

被ばくしたことにすれば、っていうのがちょっと嫌ですけど、放射性物質に汚染されたものを食べたとき、これから先どれくらい被ばくするかの目安にはなりますわね

そう、**食べてしまった以上、それだけの被ばくが避けられないんだから、被ばく量を先取りして勘定しちゃおうと考える**わけ。そう考えるのは、がんのリスクは、被ばく量の合計に比例すると考えられてるからなんだけどね

これからだんだん減っていくにしても、被ばくするぜーんぶの量を最初に足しておくということなのかなあ

うん、たとえば月賦で買い物をするじゃないですか

はあ。唐突ですね。私はローンは嫌いですが

僕はこないだ6万5000円のギターを利息・頭金なしの12回払いで買ったオトナの所業ではないっ！

ギターを買うときは高校生の気持ちでありたいっ！　それはさておき、買ってしまった以上、毎月5000円ちょっとの支払いは決まってるわけ

そうですねえ

だから、買ったその日に6万5000円をお小遣い帳に計上しときましょう、っていう考え方もあるよね

忘れるよりはそのほうがいいかも

どのみち、この６万５０００円は払わなくちゃならないお金だから

まあそうですわね

食べたものの内部被ばく量も、そういうふうに考えてみる

はあ

ノリが悪いのは、ギターを買うというたとえが悪かったからでしょうか。でも、これは実話だから

いや、そうじゃなくてですね、被ばくとお小遣い帳っていうのが唐突だった

わかりやすいたとえだと思うんだけどなあ

お小遣い帳につける数字は、どのみちこれから出ていくお金とおんなじだから、忘れないうちに最初につけちゃえってことですか？

そうそう、６万５０００円分は、お金が残ってるんじゃなくて、まだ払ってないだけだから、使っちゃったらいけないのよ

誰に言ってるんですか？

自分に言い聞かせてる。それはともかく、１００ベクレルのセシウム１３７を食べてしまったら、今後３年間くらいかけて、決まった量を被ばくすることになるはず。その９割以

上は、最初の1年で被ばくしちゃうんだけどね。だったら、**その分の実効線量をあらかじめ被ばく量として計上しておきましょうという考え方。これを預託実効線量といって、食品による被ばく量は、この預託実効線量で考える**

私たちがよく見る数値では、なにがこれに当たるのかな？

内部被ばくに関連してニュースに出てくるのはみんな預託実効線量だよ。食品の基準値もそれで決めてる。今、食品の基準値になっている1キロ当たり100ベクレルっていうのは、食品の半分がそのくらいの量のセシウムを含んでいたとしても、**年間の預託実効線量が1ミリシーベルトにならないよう決められてる**。食品の種類によらず一律だから、いろいろ問題が起きてるけどね

毎日のように食べるのもあるし、薬味みたいに、ちょこっとしか食べないのもあるから。ぜんぶ一律ってヘン

たまにしか食べないものとか、ちょっとしか食べないものの基準は緩くてもいいはずだよ

季節のものとか。ギンナン好きなんだけど、事故の年はセシウムが多かったって。でもあれは大量に食べられないし

日本での食品中の放射性セシウムの基準値（これを超えてはいけない）

	食品1kg あたり
飲料水	10 ベクレル
乳児用食品	50 ベクレル
牛乳	50 ベクレル
一般の食品	100 ベクレル

ギンナン、たくさん食べると中毒を起こすからなあ

アルカロイドが含まれてるんだっけ

ものの本には4′-メトキシピリドキシンと書いてあるな

今の基準値は、お米もお芋もタラの芽もミョウガもぜんぶ同じ基準値になってるんですね

日本の基準は、外国と比べてかなり厳しいんだ。厳しめなのはいいのかもしれないけど、今は基準値超えどころか、**市場に出回ってる食品からは、ほとんどセシウムが検出されなくなった**からね。セシウム137なら、ざっと7万5000ベクレル食べると預託実効線量が1ミリシーベルトだと思っておけばいいよ

ざっと7万5000！　でっかいベクレル

市場に出回ってる食品を普通に食べてれば、1年で7万5000ベクレルなんていう大きな数字には決してならない

チェルノブイリでのことがあったから、食品はかなり早くからコントロールされてたんですよね。チェルノブイリで大きな汚染のもとになった牛乳とか

今はお米の全袋検査をはじめとして、かなり厳しくコントロールされてる。おかげで福島に住む人たちの内部被ばくも、すごく少ないというのが最近の調査ではっきりしてるよね。

チェルノブイリ事故のときは、放射性物質に汚染された食品を食べ続けたのが、甲状腺がんが増えた原因と言われている

牛乳のほかは、キノコとかベリーとかでしょう？

一部のキノコはセシウムを溜め込むらしくて、日本でもセシウム量が多いキノコが見つかってる

私は野生のキノコ、くわしくないから中毒のほうがこわい

福島県内でも、野生のキノコをたくさん食べてる人のからだから放射性セシウムが検出されてるね。あと、野生のイノシシにセシウムが多いのは、キノコとかドングリを食べてるかららしい

野生のキノコもイノシシの肉もあんまり食べないかなあ

うちは兵庫県だけど、このあたりの名物はイノシシ料理。それはいいとして、ストロンチウム90の話もここでしておこう

はい

チェルノブイリではストロンチウム90による汚染も問題になったけど、福島第一原発の事故で放出されたストロンチウム90の量は、セシウムに比べて圧倒的に少なかったんだ。地

面の汚染は、セシウムの1000分の1程度

でも出てはいますね

少なかっただけで、出てはいる。海に流れたものはもっと多いと思う。ストロンチウムはからだの中に長く残るから、内部被ばくを心配している人もいるよね

骨に取り込まれるというのはさっき聞きましたが

生物学的半減期が50年くらいで、物理的な半減期よりも長いんだ

半分まで減るのに50年もかかるの？

いや、そのあいだにも崩壊が続くから、実際には20年くらいで半分に減るよ

つまり、物理的な半減期と生物学的半減期の両方で減っていくと

それでも100日で半分に減るセシウム137よりはずいぶん時間がかかるよね。これでは、生きてるあいだには無くならないでしょ。だから、**預託実効線量の計算は、大人については食べてから50年分の実効線量、子どもについては70歳になるまでの実効線量**と決まってる

は〜っ、ながっ！

実はどんな物質でも預託実効線量は50年分を計算するんだけど、セシウムなら実質3年も

あればからだから出ていってしまうからね

ストロンチウムはセシウムよりもやっぱりオソロシイと思ってしまう

そう思っちゃうよね。だけど、セシウムに比べると吸収率が低いこともあって、１ベクレル食べたときの預託実効線量は大人ならセシウム１３７の約2倍で、決して桁違いに大きいわけではないんだ。骨に吸収されるのはごく一部だから

へえ、何十倍も違うのかと思っちゃったけど

実は、食品の基準値を決めたときには、ストロンチウム90がセシウムの10パーセントくらいあると想定してるんだよ。でも、本当はもっとずっと少ない

実際の量よりも大きく見積もっているんですか？

セシウムと違ってストロンチウム90は測定が難しいから、多めの想定にしたんだと思う

案外どんぶりな感じ？　でも、大きく見積もって厳しく考えているのは安心できる感じ

まあ、どんぶり勘定といえばどんぶり勘定だよね

食品に入ってるカリウムの話が前に出たけど、毎日１００ベクレルくらい食べちゃってるんですよね、それについても預託実効線量で考えるのかな？

うん、カリウム40は生物学的半減期が30日くらいで、１ベクレル食べたときの預託実効線

量はセシウム137のちょうど半分くらいだよ。カリウム40を1年間に3万5000ベクレルくらい食べるわけだけど、それによる内部被ばくは預託実効線量が1年で0・2ミリシーベルトくらい

意外にあるんだなあ

内部被ばくでもうひとつ。自然放射線による日本人の年間被ばく量は、内部被ばくと外部被ばくを合わせて1・5ミリシーベルトと言われていたのが、最近になって、実は2・1ミリシーベルトということになったんだけどね。どうやら、ポロニウム210による内部被ばくが思っていたより多いらしいっていうんだよ

私も年間被ばく量が、いつのまにか増えたなあって思ってた。最近ですよね、変わったの

日本人はポロニウム210による内部被ばくが年間0・7ミリシーベルトくらいと見積もられて、これは世界平均の10倍なんだ（168ページの図を参照）

いきなりでかい数字をくりだしてきたポロニウムってなに？

ポロニウム210自体は自然界にある放射性物質なんだけど、魚にはポロニウム210がたくさん含まれているので、魚をたくさん食べると内部被ばくが多くなるみたい

し、知らなかった……。でも魚を食べると、肉食だけよりも肥満とかの生活習慣病のリス

クが減るわけでしょう。魚介類を食べるのは日本人の長寿の秘訣のひとつとも言われてるし。長いあいだの食習慣だったわけですから……

被ばくだけがリスクじゃないからね。それに、思っていたより自然被ばくが多かったといってても、まだ世界平均よりちょっと少ないくらい。もちろん、食生活の問題だから、個人差も地域差も大きいよ。食事については、結局は偏りなくなんでも食べるのがいいよっていうことじゃないかなあ

12 ここまでのまとめ

ここらで一度まとめようか。ここまでのおさらい

はい！　まず、原子の仕組み。原子核や原子の性質は、陽子の数で決まるということ、そして放射線は、不安定な原子が壊れるときに出されるエネルギーだということ

エネルギーを粒として放出するんだよね

それにはα線とβ線とγ線があって、どれが出るかは放射性物質の種類によって違う。α線の場合、ヘリウム原子核が飛び出していく。つまりそれは線ではなくて原子核の粒。β線は中性子が壊れて生まれた電子で、γ線はあまったエネルギーがなんと光に

ぜんぶ勢いよく飛んでいく粒

で、ヨウ素とかセシウムとか、放射性物質として最近お馴染みになったものには、放射線を出さないものが自然界にはあって、陽子の数が同じだけど中性子の数が違う。そういうのをまとめて同位体と呼ぶ

放射能がある同位体も、そうでない同位体もある

放射能っていう言葉は放射線を出す力があるっていう意味だというのも確認しました。だから、ゴジラが放射能を吐くというのはおかしい

放射能がある物質を放射性物質っていうね

それから、カリウムのこと。カリウムは地面や植物や自然の中にいっぱいあって、その中に放射性のものが少し混じってる。カリウムは生きものには必要な元素だから、もちろん人間のからだの中にもある

放射性のカリウムは自然界にあるということ。放射性のヨウ素や放射性のセシウムは自然界にはない

次に半減期について。半減期は物質ごとに違っていて、ヨウ素１３１のように８日間のものもあれば、セシウム１３７のように30年近いものもある

カリウム40の物理的な半減期は13億年

チョー長いのもある。大事なのは、１個の原子がいつ放射線を出して崩壊するかはわからないけど、たくさんあれば、いつ、どれだけの放射線が出るかの予測はつくということ

放射性の原子の半分が崩壊するまでの時間が半減期で、これはすごく正確にわかってる

それを物理的半減期と言う

減った分はなくなったのではなく、放射線を出して、別の原子に変わった

しかも不安定から安定にむかうまでβ線を出してから、さらにγ線を出したりする。そして、安定したらもう放射線は出さない！

たとえばセシウム１３７はβ線とγ線をひとつずつ出して、安定なバリウム１３７になる

生物学的半減期というのもあって、それは私たちのからだが放射性物質を取り入れてからおしっこなどで排出されて半分に減るまでの時間

物質によって代謝も違うから、排出の速さも違う。これには個人差があるね。子どもは代謝が速いので、排出されるのも速い。だから、大人と同じだけの放射性セシウムを食べてしまっても、こどものほうがおしっこにたくさん出るわけね

男女でも違いがあって、女の人のほうが速いらしいですね。あとは単位の話。馴染みのなかったモノ。最初にベクレル。これは放射性物質が１秒間に何個、崩壊するかを表す単位

放射性物質の量を表していると思っておけばいいね。１ベクレルのセシウム１３７があれば、β線とγ線が毎秒ひとつずつ出る

次はシーベルト。シーベルトで表されるものがいくつかあるからご注意。まずは実効線量。からだが受けた放射線量の影響の大きさをトータルに表したもの

ニュースに出てくるシーベルトはだいたいは実効線量だね

内部被ばくと外部被ばくをまとめてそのリスクを考えるときに使われる

内部被ばくでも外部被ばくでも、影響の大きさは実効線量で表す

次は等価線量。よくニュースに出てくるのは甲状腺等価線量

よく実効線量とごっちゃになってる

等価線量っていうのは、各臓器ごとの被ばく量のこと

「カリウムは地面や植物や自然の中にいっぱいあって、その中に
放射性のものが少し混じってる」
「いつでもからだの中に40000ベクレルくらいあって、

α線は内部被ばくでの影響が大きいから、β線の20倍に換算するだから等価と言うんですよね。あと、気をつけておきたいのが、臓器1キロ当たりの単位になっていること。甲状腺みたいに20グラムほどの小さな臓器でも、もし1キロあるとしたらこれだけの被ばくになるって考える。お次は預託実効線量。これは吸い込んだり食べたりした放射性物質が、からだから出ていくまでの影響をぜんぶ合わせたもの

ニュースに食べものでの被ばく量が出てくるときは、預託実効線量だね。内部被ばくの大きさは、この預託実効線量で考える

次は空間線量。これは、ある場所に人がいたとして、どれだけ放射線を受けるかを表す場所ごとの放射線の強さはシーベルト毎時で表す。そこに1時間いたときに受ける実効線量だね。年間被ばく量は、外部被ばくと内部被ばくの実効線量を合わせて考える。外部被ばくではγ線の影響がほとんどだけど、内部被ばくではβ線やα線の影響が大きい

カリウム40がいつでもからだの中に4000ベクレルくらいあって、実は常に内部被ばくしているというのは、ちょっとショックな新しい知識だな

第二部
放射線と
わたしたち

1　気になっていたことをこの際、聞いてしまおう

これまでの話で、放射線の基本がざっとわかったので、今度は暮らしの中で気になることを聞きたいんですが

一緒に考えていこう

放射線でどんなことに気をつけなくちゃいけないのかわかった気がしますが、庭とかは除染するにしても、室内の布団や衣服が汚染されてないのか、気になるんですよ

放射線が当たっただけなら、汚染されてはいないよ。放射線はあとに残らないから。汚染されるというのは、放射性物質そのものが付いた場合

原発事故直後、実家には幸い人がいなくて、開《あ》け閉《た》てしなかったから、外気が入ったりはしなかったと思うんですけど、ホコリに混じって放射性物質が入ってきてたとしたら……

たくさん飛んできたとき、窓が開いてたり換気扇を回してたりしたら、部屋の中に放射性物質が入ってきた可能性はあるね。もちろん、それは事故直後の話で、福島市や郡山市だって、今はもう放射性物質が漂ってるわけじゃないから

じゃあ、押入れやタンスの中のものはひとまず安心かな

それは大丈夫だと思うな

「汚染」という言葉って、「汚れが染みこむ」って書くじゃないですか

でも、実際には染みこむんじゃなくて「付く」だよ。しかも、付くのは放射性物質で、放射線は付かない

避難した人が「放射能、うつる」とか言われたのも、「からだに染みこんでる」イメージがあったからだと思うんですよ

あれって、原爆の被爆者差別とおんなじだよ

「ピカがうつる」とか被爆二世の問題とか、そういう差別があったことは知ってたはずなんですけどね。歴史に学んでない

放射性物質は、皮膚から染み込んだりしない。γ線はからだやモノの中までぴゅんぴゅん入ってくるけど、それがからだの中に残るわけじゃないし、もちろん、うつったりしない

ここまでの話でそれははっきりわかりますよね

差別に結びつく話は慎重に考えてほしいよね

次に、水と放射線のこと。被ばくを気にして子どものプール授業を見学させる親御さんがいて。でも、実はそのほうが被ばくするっていうのを聞いたんですけど、本当のところはどうなんですか？

校庭は除染されてるし、校庭でもプールでも、もうそこまで気にしなくていいとは思うけどね。そもそも**α線やβ線は遠くまで飛ばないし、もし水面に降ってきたとしても、すぐに止まってしまう**。原子にぶつかってエネルギーがなくなったら、それはもう放射線としての力はない、というのはさっき言ったよね。問題はγ線だけど、**水はγ線をさえぎる**から、水の中のほうがγ線は少ないよ

水がさえぎるって、どういうことですか？

γ線が水分子に当たるとγ線はエネルギーを失うから、γ線が降ってきたとしても、深いところほどγ線の数が減るんだよ。15センチで半分くらいに減る

γ線は、鉛でなければさえぎれないという話は？

それは、どれくらいさえぎるかという「程度」の問題で、重たいものほどγ線をよくさえ

ぎるんだよ。鉛なら1センチくらいの厚さで半分に減る

まえに花粉のたとえと混同してたってことが出たけど、水って放射性物質が溶け込んでるようなイメージがあるんですよ。だから、水に当たったらエネルギーがなくなるなんて知らなかった。つまり、被ばくを気にするなら、プールサイドで見学させても意味がないと。じゃあ、校舎の中はどうですか？

コンクリートは、水よりもγ線をさえぎるから、校舎の中の空間線量は低いんだよ。子どもは学校に通ってるから被ばく量が少ないっていう結果が出てる

郡山の池の台というところは、農業用水を貯めるふたつの溜め池に面した住宅地なんですけれど、震災で池に破損が見つかって水を抜いたんですって。修復後に水を張ったら、池から１００メートル先くらいまで、いきなり線量が半分程度に減った、と市役所の方から聞きました。放射線を水が遮ったのだろう、と

放射性セシウムは泥にくっつくとなかなか離れないから、池の底に溜まってるんだと思う

どうして泥にくっつくと離れないんですか？

特に粘土質の土にくっつくと離れないみたい。粘土の粒には細かい穴が開いてるんだけど、それにセシウムの原子がぴったりはまって取れないらしいよ

5

ぴったりはまっちゃうんだ

園芸店に行くと、バーミキュライトとか売ってるじゃないですか

土にまぜて使うやつ

ああいう土がセシウムをくっつけて離さない。水からセシウムを取り除くのに使うゼオライトというのもそう。セシウムは、雨が降って地面にだんだん染み込んでいくけど、粘土の層に届いたらなかなか離れないから、線量が高くても、そういう畑の作物にはセシウムが吸収されにくいんだって

ゼオライトがセシウムを吸着するのははっきりしてるけど、それ以外にも放射線を除去するというふれこみのものがたくさんあって

残念ながら、でたらめな話が多いねぇ

特別な水とか石とか微生物とか。そんな素晴らしいものがあったらまずアメリカ軍とかが採用してるでしょって、私なんかは思うわけですが

微生物が放射性物質を分解すると言ってる人もいるけど、それはありえないよ。生物のからだの中では酵素とか化学物質とかがはたらいて、いろんなことをしてるじゃないですか

いろんなって、呼吸したり食べものを分解したり細胞分裂したり、そういうこと？

そう、そういうのはみんな化学反応なのですよ

一般のひとは化学反応といえば、試験管とかビーカーの中で起きるものだって思いがちだけど、微生物が食べものを分解したりするのも化学反応？

生きもののからだの中で起きてるのは、ぜんぶ化学反応。原子同士がくっついて分子になったり離れたり、酸化したりイオンになったり。そういうのはぜんぶ、原子核の外をまわってる電子があっちに行ったりこっちに来たりして起きる

それは原子核と遠く離れた電子の世界の出来事なんだ。じゃあ、原子核は関係ない？

化学反応は原子核の中には影響しないんだよ。原子核の中で何かを起こすためには化学反応の100万倍のエネルギーが必要になる

エネルギーが100万倍っていうのは、ちょっと見当がつかないな

たとえば、野球のボールが飛んでくるのと、それと同じ速さで電車が飛んでくるのの違いくらい

うーん、すっごく違うということだけはわかった。じゃあ、微生物が放射性物質を無力にしようとしたら、原子核の中をなんとかしなくちゃいけないわけだけど、それはとうてい無理なお話なんですね

微生物だけじゃなくて、そもそも、**生きもののからだの中では原子核は変えられない**。放射能をなくしたり半減期を変えたりはできないの

それができたら核廃棄物の処理の仕方も、劇的に変わりそうですものね。ってか、微生物がほんとに効くなら、原発の汚染水タンクに投入してほしいですよ。汚染水、毎日増えてるんですもの。原子の仕組みがわかっていると、「こりゃないなあ」っていう判断がある程度できるようになりますね

科学者では想像もできないような珍説がときどき登場するよね

チェルノブイリでは、放射能を消すのにウォッカが効くというので、みんな飲んでたという話を先日、聞きました。これなんかはロシアっぽいなあと思ったんだけど、日本では玄米とか味噌汁とかが効果があるっていう説がネットで飛び交ってました

味噌が効くっていうのは原爆のあとにも出た話なんだよ

たぶん、栄養をちゃんと摂って、代謝をよくしましょうっていうことだと思うの。繊維質を摂って排出をうながすとか。ウォッカも利尿効果でおしっこをいっぱい出すとか

発酵食品によって放射能が消えることは絶対ないからね。セシウムの排出を早めるものとしては、プルシアン・ブルーっていう物質が知られてるけど

プルシアン・ブルー？　それって絵の具じゃない？

青い顔料だよ。これを飲むと、からだの中から腸に出てきたセシウムにくっついて、再吸収を防ぐ

へえー、顔料がそんなはたらきをするなんて！

セシウムがよほど多くないと効果がないと言われてるから、今の日本では必要ないよ

2　放射線ってどういう影響があるの

今は1年に20ミリシーベルト以上被ばくしそうな場所に住んではならないことになってる

今、避難しなくちゃならないところ以外なら、心配していたような高い被ばく量にはなっていませんね

テレビユー福島というテレビ局の社員のかた34人が、原発事故直後の２０１１年5月から

１年間、積算線量計をつけて生活したデータがあるんだ。これは福島で実際に生活しているときの被ばく量を調べた、とても貴重なデータだよ

それはすごい

それを見ると、放射線量が多い時期にもかかわらず、外部被ばくの被ばく量は多い人でも１年で２ミリシーベルトをちょっと超えるくらいで、平均は１・３ミリシーベルトだった

そういう仕事の方たちは、外に出ることも多かったでしょうね

内部被ばくも外部被ばくも、実生活の中での被ばく量は心配していたよりもはるかに少ないことがわかってきたね

空間線量と実際の被ばく量との違いを実感できますね。そうはいっても、福島で暮らす人たちの不安はあると思います。福島に限らず、関東でも心配してる人はいるし

総量で１００ミリシーベルト以下くらいは低線量の被ばくって呼ばれることが多いね

１年で１・３ミリシーベルトということは、今の状況は超低線量被ばくかな。それでも、放射線量が今までよりも少し高くなっただけでも不安はあると思う

今くらいの被ばく量だと、すぐに影響はないけれど、将来がんになる可能性はわずかに高くなると考えられている。さっきも言ったように、実効線量で１００ミリシーベルト被ば

くするごとに、将来がんで亡くなる可能性が0・5パーセント増えるとされているんだ。

実効線量のシーベルトという単位は、こういうときに使うんだよね

100ミリシーベルトって、大きい数字ですよね。それで0・5パーセントというのは微妙ですよね。少し前まで日本人の3人に1人ががんで亡くなると言われてたのが、近い将来は2人に1人になると言われてて

死因の中では、がんが増えているからね。がんで亡くなる人が増えているいちばん大きな理由は高齢化なんだ。医療が進歩してがん以外の病気で死ぬ人が減ったから、結果として寿命が延びて、がんによる死亡が増えている

人間にとってがんは、長寿と引きかえに手にした病気だっていうのを何かで読んだよ。短命だったら、細胞ががん化するまえに、別の病気で死んでしまうから

がんっていうのは、遺伝子が変化して、細胞の増殖が止まらなくなってしまうんだ

細胞が老化することによっても、遺伝子の変化が起きやすいんですよね

そうだね。細胞は常に新しいものと入れかわっていくんだけど、普通の状態ではそれがきちんと制御されてる。ところが、いろんな原因で遺伝子が変化して、その制御が効かなくなって暴走するのが、がん。放射線もその原因のひとつだよ

福島の事故の影響で、すぐに体調が悪くなったりしたというような情報もかなりありました。鼻血が出たとか

それは放射線の影響ではないよ。確かに、短い時間にたくさん被ばくしたら、すぐに影響が出る。吐き気がしたり、毛が抜けたり、被ばく量がひどく多ければ死んでしまう。でも、今回の事故ではそんな量の被ばくをした人はいないから

広島や長崎の原爆で起きたことですね。あとはチェルノブイリやＪＣＯの事故とか

チェルノブイリでは、原子炉の消火作業をした人たちが高線量被ばくして犠牲になってしまった

3　遺伝子と放射線のこと

遺伝子が変化しちゃったら、その遺伝子はそのまま子どもに受け継がれるの？

あ、そうか、そう連想しちゃうか。なにせ「遺伝」だものね。でも、遺伝子って、実はからだの中の細胞すべてにあるんだよ。**どの細胞にも同じ遺伝子が1セットずつ入ってる。**指先の細胞にも白血球にも。赤血球にはないんだけどね

血でもヒフでも、おんなじものが入ってる！　だから、どんな細胞でもＤＮＡ鑑定ができるんですね

そうそう、どの細胞も同じ遺伝子を持ってるから。でも、たとえば指先の細胞の中にある遺伝子が変化したって、それは子どもに受け継がれそうにないじゃないですか

たしかに。じゃあ、子どもに受け継がれるのはどの遺伝子？

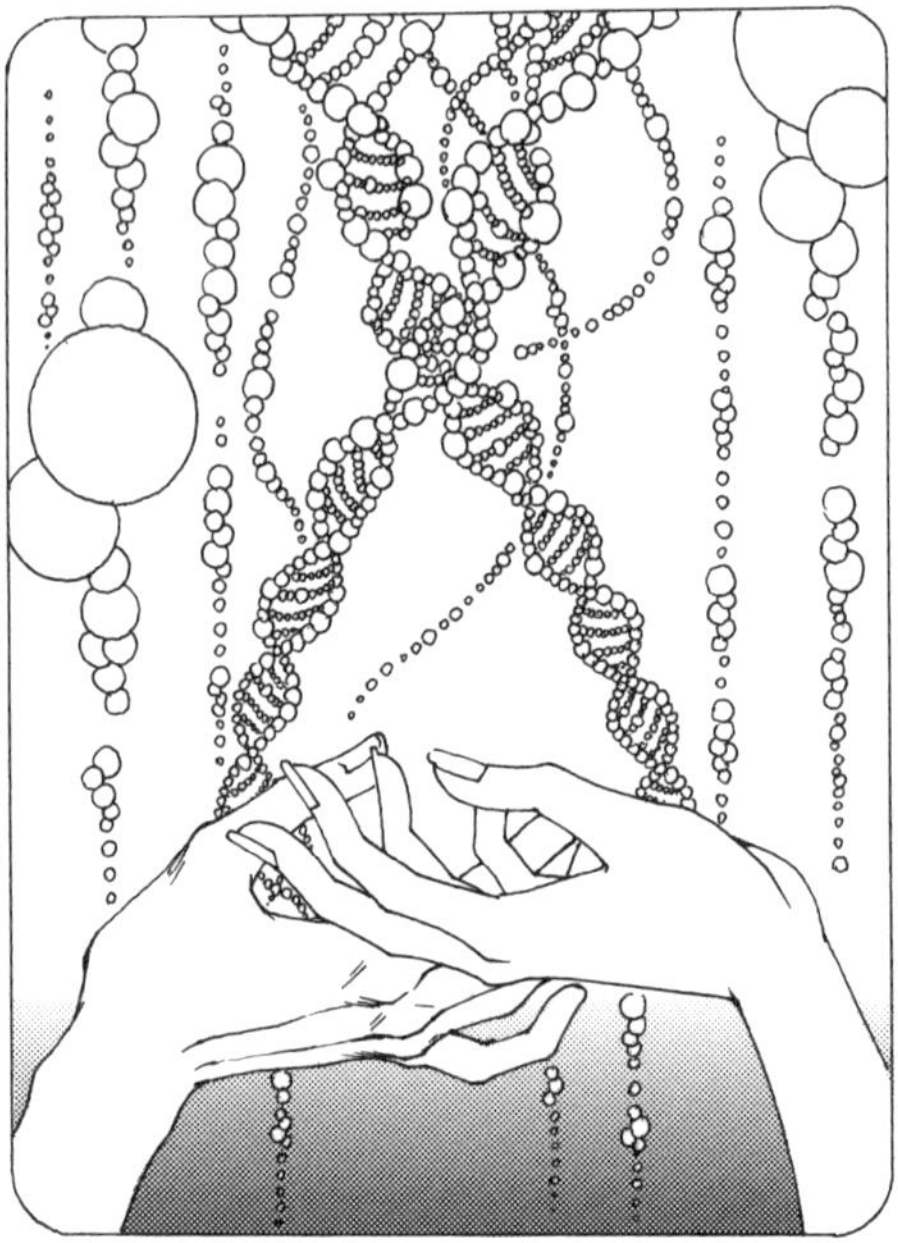

卵子とか精子の中の遺伝子だけが、子どもに受け継がれる。**細胞には体《たい》細胞と生殖細胞の2種類**あってね。自分のからだを作るのが体細胞で、子どもを残すための細胞が生殖細胞。役割が分かれてるんだよ。それで言うと、指先の細胞も、血液の中の細胞も、体細胞

生殖細胞の変化だけが受け継がれるのか。つまり卵子と精子？

卵子になる細胞と、精子を作る細胞というべきかな。卵子の数は生まれたときから決まっているけど、精子はどんどん作られるから。遺伝子の正体は、ＤＮＡっていう長いヒモのような物質だよね

クリックとワトソンがＤＮＡの仕組みを発見して最初に書いたＤＮＡのスケッチを美術館でみたよ！

なんと、美術あつかいなんだ！

とても美しい二重らせんだった。形がカッコイイよね

らせんはかっこいいよ

ぐるぐるするものって、ひかれる。うずまきとかも

らせんは生命の象徴だね。からだの細胞は常に新しいものと置き換わっていくでしょう？

ＤＮＡは、新しい細胞を作るときの設計図みたいなものだから、それが壊れると、ちゃん

とした細胞が作れなくなってしまう。ところが、**細胞の中のＤＮＡは、いろんな原因でしょっちゅう切れたり壊れたりしている**

しょっちゅう？　たとえばどんな原因で？

紫外線を浴びたり、活性酸素っていうやつが悪さをしたり

ああ、前に出てきましたね、活性酸素。アンチエイジングの敵

そう、活性酸素って、からだの役に立つ面もあるんだけど、反応しやすいので、ＤＮＡを傷つけることもある。普段からＤＮＡはしょっちゅう壊れているから、**細胞の中にはそれを修復する仕組みが用意されてる**

そうなんだ。ＤＮＡが切れてしまったり傷つけられたりするのはよくあることだけど、ちゃんと元に戻してくれる、と

ひとつの細胞のＤＮＡが毎日何万回も切れたり傷ついたりするらしいよ。そのままだと大変なことになるから、生物は切れたり変化したりしたＤＮＡを修復する仕組みを持ってるし、修復しきれないときは、細胞を殺してしまうアポトーシスという仕組みがあって、傷ついたＤＮＡがからだに影響しないようになっている

毎日、何万回も！　からだの仕組みって、ほんとうにすごいね

生物は進化の産物だからね。たくさんの失敗を積み重ねて、こういう仕組みができてきたわけだよ。すごいよね

地球の生きものの中で一番成功してるのはＤＮＡだという話を聞いたことがあります。ＤＮＡだけが、形をいろいろ変えても受け継がれていくわけでしょう。ってことは、人間もただの「運び手」だってこと?

リチャード・ドーキンスが言う利己的遺伝子だね。そういう見方はできると思うよ。ＤＮＡがいちばんうまく増えていけるように生物は進化した。でも、そうはいっても、僕らは自分の人生をそれぞれに生きてるわけですよ

はい。そこまで壮大にしなくてもよかったですね。で、遺伝するのは生殖細胞のＤＮＡだけなんですね

生殖細胞のＤＮＡだけが子どもに受け継がれるから、ＤＮＡの変化が遺伝するとしたら、生殖細胞のＤＮＡが変化したときだけ。それで、放射線の影響なんだけど——

脱線しすぎたかしら

いや、遺伝子っていう言葉で誤解してる人もいるだろうし、**体細胞のＤＮＡが傷ついても子どもに遺伝しない**というのは確認しておいたほうがいいんじゃないかな

そうですね、この際詳しく教えてください

放射線の影響なんだけど、さっきも言ったように、β線やγ線がからだの中に入ると活性酸素がたくさん増えて、それがDNAを傷つけるというのが主な影響。β線が直接DNAを切ってしまうこともある。α線の場合は、DNAを直接壊しやすい

でも、修復する仕組みがあるんでしょう？　放射線ではその仕組みがあるのに元に戻せないの？

たいていは戻せるよ。でも、特に放射線の場合は、DNAの二重のらせんを両方とも切ってしまうことが多くて、そうなると、修復しそこなうこともある

どうして？　仕組みはいっしょじゃないの？

DNAの2本のヒモは、お互いがちょうど凸と凹みたいにかみ合うようにできているんだ。だから、1本が切れただけなら、残った1本を参考にしてかみ合うようにすればいい

おお！　補いあう2本のヒモ！

だから、2本とも切れちゃうと、元に戻すのが難しくなるわけ

コピーする相手がないからか。そうすると、元と違うDNAができちゃうんだ。それが間違ったまま再生されてしまい、がんになって現れる、ということかしら。それが、被ばく

でがんになる仕組み？

そうだね。ただし、修復しそこなったからって、必ずがんになるというわけじゃない。DNAのどこがどう壊れるかによるんだ。壊れた場所が悪いと、がんのもとになる

そうか、DNAが壊れたら必ずがんになるって誤解してる人も多いと思う

そうじゃないね。むしろ、めったにならないよ。ただ、DNAがたくさん壊れると、がんのもとになる可能性が高くなるわけ

4　放射線とがんのこと

ちょっと戻って、**100ミリシーベルトの被ばくでがんで亡くなる確率が0・5パーセント増える**というのは、どうやって出した数字なの？

いろいろな疫学のデータがあって

「疫学」って言葉をよく目にするようになったけど、この言葉を知ったの、実は最近です

病気の原因を推測する学問だから、すごくだいじなのに、日本ではあんまり重視されてないよね。放射線とがんの関係で言うと、原発で働いた人たちの調査とかがあるんだけど、中でもいちばん重視されてるのは、原爆で被爆した方々の調査だよ

そういうのがあるんだ

広島・長崎で被爆した９万４０００人と被爆しなかった２万７０００人を、放射線影響研究所が１９５０年から追跡調査している

知らなかった。それは貴重な調査ですね

これだけ大規模で長期間の調査はほかにないから、放射線による発がんリスクについてはいちばん重要なデータになってる

それは被ばく量で分けて調査してるんでしょうか

一人ひとり、どこでどんな状況で被爆したのか調査して、そこから被ばく量を推定して、その人の健康状態をずっと調査しているのね。その調査結果と、被爆してない人の調査を比べる

個人ごとに。すごく細かい調査なんですね。それを60年以上続けてるんだ

そのうちどれだけの人ががんで亡くなったか、それが被ばく量でどう違うかをずっと調査しているの。被爆した人もしなかった人も、歳をとるにつれてがんにかかる人が増えるでしょう。その増え方を比べてみると、被爆した人の方ががんになりやすいことがわかった

相関関係がわかったと

被ばく量が多いほどがんのリスクが大きいし、被爆したときの年齢が若いほうがリスクが大きいこともわかっている。１００ミリシーベルトよりもずっと被ばく量の多い人たちについては、被ばく量とがんの関係がはっきりわかってて、たとえば、２シーベルト被ばくした人は、１シーベルト被ばくした人に比べて、「被ばくによるがん」で亡くなる危険性が２倍になる

比例して大きくなる……

勘違いしないでほしいんだけど、がんで亡くなる危険性そのものが被ばく量に比例しているんじゃないんだよ。被爆していない人との差が、被ばく量に比例してる

ややこしいな。被爆してもしなくてもがんで亡くなる方はいるけど、被爆した方のほうがその危険は大きいというのはわかりました。そのあとがちょっと混乱しちゃって

被爆しなかった人と比べたときの差が、被ばく量が増えるほど大きくなるんだ

0・5パーセントという数字は、どう考えたらいいんでしょう?

放射線で被ばくしてもしなくても、歳を取ればがんにかかる危険性は高くなるでしょう。被ばくしていない人の30パーセントがいずれはがんで亡くなるとすると、100ミリシーベルト余計に被ばくした人の30・5パーセントが、いずれがんで亡くなるという意味だね

やっぱりすごく微妙な数字

もちろん、いつがんになるかはわからないよ。原爆から70年近くたった今でさえ、被爆した人のほうが被爆しなかった人よりもがんになる危険性が高いことがわかってる。つまり、影響が出るのは70年後かもしれない。白血病は比較的早く影響が出るけどね。

白血病っていうのは血液のがん

でも、そうなっちゃうと、放射線の影響でがんになったのかどうか判断できなくなりそう

区別できないんじゃないかな。がんになる人のほとんどは放射線と関係ないから

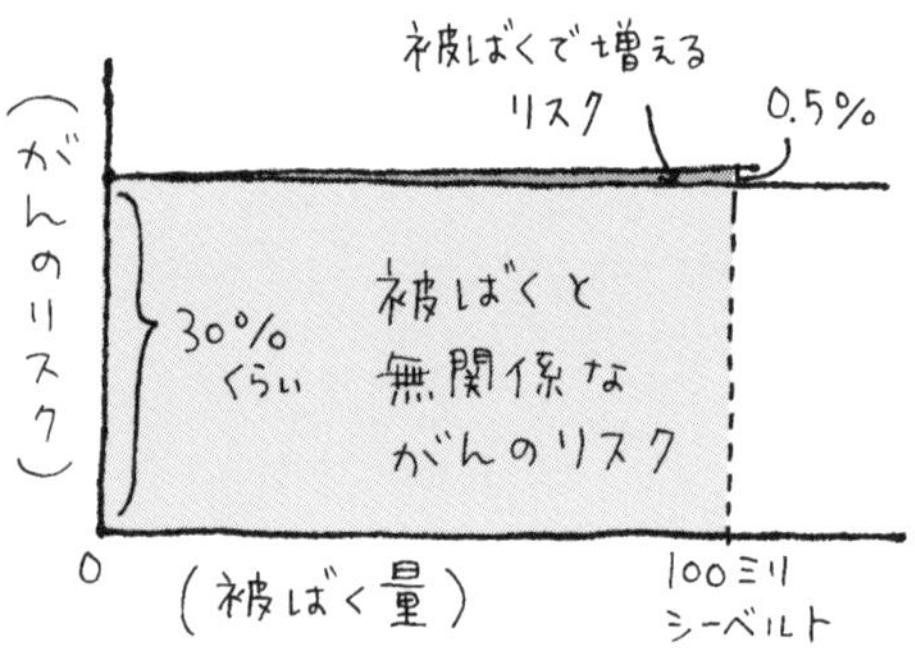

うーん、でも今の福島での被ばくは、100ミリシーベルトよりずっと少ないから、どうなんだろう……

今はそうだよね。福島県内に住んでいる人たちの実際の被ばく量はもっとずっと少ないことはさっきも言ったよね。でも、原爆で被爆した人たちのデータからは、100ミリシーベルト以下の低い被ばく量では、がんのリスクとの関係ははっきりわからないんだ

がんのリスクがないという意味ではなくて、「わからない」んですね

被ばくの影響が小さすぎて、どれくらい増えるのかはっきりとはわからない。ただ、**被ばくが少なければリスクも小さくなる**のはたしか

まったく何もわからないというわけでもない。そこをどう考えるか

放射線防護の標準的な考えかたでは、少ない被ばく量でも**「被ばくによるがん」**のリスクは被ばく量に比例すると考えておきましょう、ということになっている

まだわからないところがあるから、信用できそうなデータを元に考えるということなのか

そうだね。原爆で被爆した人のデータがいちばん大規模で、しかも長期間追跡調査しているから信頼性も高い。低い線量でも傾向は同じと考えておきましょうということ

被爆国じゃなかったらデータもなかったわけだ……、皮肉ですね。でも原爆と原発事故で

はだいぶ状況が違いますよね

原爆の場合は短い時間にたくさん被ばくしたんだけど、今は低い線量の被ばくがずっと続いているわけだから、ずいぶん違うよね。でも、その場合も、がんのリスクは被ばくの総量に比例して増えると考えることになってる

総量で。総量で考えるのか

総量は同じでも、長い時間をかけて被ばくしたほうが影響は小さいと考えられるから、実は低線量ではリスクを半分にしてるんだけどね。0・5パーセントというのは、半分にしたあとの数字

半分って、ざっくりいきましたね

がんの危険性が被ばく量に比例して増えるということは、どんなに少ない被ばく量でも危険性は上がるという意味でもあるけど、被ばく量が少なければがんの危険性もたいして増えないという意味でもあるわけじゃないですか。たとえば、もしこれを文字通り捉えるなら、10ミリシーベルト被ばくするとガンのリスクは0・05パーセント上がるわけ。でも、そんな小さなリスクは疫学調査では立証できないよ

そうか。そうなると、がんの原因が放射線かどうか判断するのはますますむずかしくなる

だから**因果関係が証明されないと補償しないというやりかたは見直さないといけない**ね

確かに、今の生活では、ほかにもがんのリスクはいっぱいあるし

このくらいの微妙なリスクをどう捉えるかは人それぞれだろうね。今言った０・０５パーセントだって、そんなにはっきりした数字じゃないから、本当は０・１パーセントかもしれないし、逆にもっと小さいかもしれない。そもそも、おおざっぱに決めた実効線量をもとに、そんな細かい数字を正確に言えるわけでもないしね

だいたいの目安ってことか

もともとこれは一人ひとりのがんのリスクを正確に決めるようなものではないんだ。年齢も性別も関係なく、みんなひっくるめて平均すると、被ばく量が１００ミリシーベルト増えるごとに０・５パーセント増えるということ。そう考えて、放射線から身を守る対策を立てましょうっていうものだよ

さっき、被爆した歳が若いほどリスクが大きいって言ってましたね

原爆で被爆した人たちのデータからは、被爆した年齢が若いほど、将来の発がんリスクが大きいことがわかってる。ＩＣＲＰ（国際放射線防護委員会）は、小さい子どものリスクは、大きく見積もっても、平均の０・５パーセントの３倍くらいと言ってる。生まれる前

に子宮の中で被ばくした子どもでもそれと同じくらい

5　母親も、将来母親になる人も

原発事故以降、子どもを産むことについて不安を持っている人もたくさんいると思います

それはぜんぜん心配ないよ

さっきのがんの話とは違うと

その不安って、いくつかの不安を合わせたものだと思うんだ

妊娠中の被ばくと、放射線による不妊と、それから遺伝のこと。その不安は大きいと思う

こういう話はどれもすぐに差別と結びつくから、注意深く話さなくてはならないんだけど

うん

まず、妊娠中に被ばくすると、子どもがなにかの障害を持って生まれるのかどうかだけど、

原爆の被爆者の調査でわかっていて、妊娠中に100ミリシーベルト以上被ばくしなければ、リスクは上がらない。がんのリスクと違って、低い線量ではリスクは上がらないんだ

被ばく量に比例しないんですか

そう、被ばく量が少ないときには起きない

つまり、数値から見ると、今回の原発事故に限っては心配ないと

そう言い切っていいよ。ただ、これもとても慎重に話さなくてはならないんだけど、特別の理由がなくても先天的な障害を持つ子どもは生まれるじゃないですか

はい

その可能性が放射線被ばくの影響で増えるのかといえば、100ミリシーベルト以下の被ばくでは増えないということ

がんの場合は、被ばく量と比例するという話だったけど、**被ばくが原因で障害が出る可能性はゼロと考えていい**ということですね。先天的な障害はゼロではないんだけれど。原爆のデータから判断するかぎり、そうだということですね

そういうこと。この問題は差別に結びつきやすいから、とりわけ気をつけなくちゃならないのに、無神経な報道があったりして悲しくなるね

出産に関して言えば、福島にいてもどこにいても、違いはないと

そう。違いはないということなんだ

それから、もしかしたら被ばくで不妊になるかもしれないと心配する方もいらっしゃるかもしれない

これもまた、**被ばくが少なければ不妊にならないことがわかっていて、今の日本でそれだけ放射線を浴びる人はいない**と思っていいよ

今の数値だったら、心配ないってことですか？

被ばくの影響は心配しなくていい。でも、これも、あくまでも福島にいてもどこにいても違いはないということだから

なるほど。それじゃあ、少しの量でも被ばくしちゃって、それが将来の子どもに遺伝するかもしれないっていう心配についてはどうでしょう。さっきの生殖細胞の被ばくですけど

これについても、**原爆の被爆二世の調査があって、子どもへの影響は見られていない**よ

それは、生殖細胞の遺伝子は変化しないという意味ではなくて？

DNAの一部が変化してそれが子どもに伝わったとしても、その変化がからだに影響を与えるわけではないということ。遺伝子が変化したからといって、それが必ず何かの影響と

して現れるわけじゃないんだよ

それは結構誤解されていそう

補足しておくと、さっきの話と同じで、妊娠前に親が被ばくしたからといって、子どもががんや他の病気になりやすいわけではないっていう意味だよ

あとは、子どもを福島で育てる不安について。福島だけではなく、子育てに不安な人は、東京からも引越ししたりしてますよね

不安は理屈じゃないし、考えかたは人それぞれだからね。さっき言ったように、同じ被ばく量なら、子どものほうが将来がんになるリスクは大きいから、大人より注意したほうがいいのは確かだよ。そうはいっても、やっぱり現状ではすごく微妙なリスクだと思う

不安って、理屈じゃないところがあるから、頭でわかってても、どうにもならなかったりする。それでも、こういう科学的なデータは頭に入れておきたいな

6　子どもの甲状腺がんのこと

チェルノブイリで一番ショッキングだったのは、甲状腺がんが増えたことでした。今回も、子どもたちの甲状腺がんを心配する人がたくさんいます

チェルノブイリ事故の影響で増えたことがはっきりしているのは、事故当時子どもだった人たちの甲状腺がんなんだ。ベラルーシやウクライナを中心に、これまでに6000人以上の甲状腺がんが確認されている

チェルノブイリ事故では当初、情報が隠されていて、放射性ヨウ素で汚染された牛乳を子どもたちが飲み続けたと言われています。福島では、牛乳の出荷は厳しく規制されて、その被害は抑えられましたね

最初のうちは電気が止まってしまって牛乳が出荷できなかったという事情もあったしね

日本のように、全国各地のものを食べてる生活と、チェルノブイリのような広い地域で地元のものばかりを食べるという違いも大きいと聞きました。ところで、放射性ヨウ素がどうして甲状腺がんの原因になるんですか？

ヨウ素は甲状腺ホルモンの材料になるから、甲状腺はヨウ素を集めるんだ。からだは放射性のヨウ素１３１だろうが放射性じゃないヨウ素だろうが区別できないから、甲状腺に取り込まれてしまう

だから、放射性のヨウ素を取り込んじゃう前に、ヨウ素剤を飲んで甲状腺を満タンにしてしまえ、というわけですね

そう、甲状腺が放射性ヨウ素で内部被ばくするのを防ぐためにヨウ素剤を飲むのね

福島第一原発事故があってすぐにヨウ素剤を配った自治体もあったし、配らなかったところもありました

その点はかなり混乱があったと思う。でも、日本人は海藻をよく食べるから、ふだんからヨウ素をたくさん摂ってるけどね

東京でも２０１１年３月23日に、基準を超えるヨウ素１３１が水道水から検出されて、小さな子どもがいる家庭には水が配られました。雨の予報があると、私も水を汲み置きした

りしました

事故由来のヨウ素131はもうなくなっているから、放射性ヨウ素で甲状腺がこれ以上被ばくする心配はないよね

福島県内の甲状腺検査で甲状腺がんの子どもが何人か見つかりましたが

ほぼ間違いなく被ばくとは関係ないよ。甲状腺がんは進行が遅いこともあって、これまで特に検査はしていなかったんだ。だから、子どもをほぼ全員検査したらどのくらいの割合で見つかるのか、データがなかった。今はそれを確認している段階。他の県でも検査が行われて、福島県で特に多いわけではないのもわかってきた。被ばくの影響で甲状腺がんが増えているかどうかはっきりするのは数年後になるだろうね

甲状腺の検査もかなり進んでいますし、これから見守っていくことが大切ですね

幸いなことに、福島県内での甲状腺の被ばく量はチェルノブイリ事故よりも桁違いに低いことがわかってきて、甲状腺がんは増えないだろうと考えられている

でも、被ばくと関係あってもなくても、がんが見つかったら不安ですよね

甲状腺がんは、がんとしてはたちがよくて、致死率も低いし、治療の結果もいいんだって。むしろ今は、がんを発見するためのテストが優秀すぎるので、すぐに治療しなくていいが

んまで発見してしまい、検査するデメリットのほうが大きいと指摘する人もいる

それから、原発から出たヨウ素131は半減期が短いからもうなくなってるはずなのに、ときどきヨウ素が検出されたというニュースを見ることがあります

東京都の記録を調べると、震災のずっと前から、ヨウ素131がちょくちょく下水から検出されてるのがわかるよ

川で検出されたり

あれは、甲状腺治療のために飲んだヨウ素131が、家庭のトイレから流れたものだった

そうなんだ。ってことは、治療に使うヨウ素ってすごくたくさん？

500メガベクレルまでなら、入院しなくていいんだよ

500メガ！　1メガが100万でしょ？　ってことは5億ベクレル！

ヨウ素131を治療に使うのは、バセドウ氏病とか甲状腺がんが肺に転移した場合とか。甲状腺から転移したがん細胞は、やっぱりヨウ素を取り込む性質があるんだって

転移しても、性質は変わらないんだ！

＊2019年9月時点で186人もの甲状腺がんが確定しています。最初の二巡の検査については、汚染が少なかった地域でも発見されていることから、被ばくとは無関係な自然発生のがんと結論されており、その後に発見されたがんも同様と考えられています。「生涯悪さをしないはずのがん」を検査で発見してしまうことを過剰診断と呼び、発見されたがんの多くは過剰診断によるものだろうと指摘する専門家もいます。検査のあり方そのものを見直す必要がありそうです。

7　核実験の時代——むかし降った放射性物質のこと

今回いろんな人が、これまでにない数のガイガーカウンターを持って、いろいろな場所を測り、検査機関でもいろいろな場所のいろいろな作物を測ってみて、どうやら私の小さい頃（年がバレる）の核実験の影響がまだあるってわかったのもちょっとショックでした。あの頃の日本の怪獣はみんな放射能のせいでからだが大きくなってた

ビキニ環礁の水爆実験で第五福竜丸の乗組員が被ばくした事件が、『ゴジラ』（１９５４年公開）という映画を生んだんだよ

水爆の象徴なんですよね

大気圏内核実験の時代。特にたくさん行われたのは、１９５０年代なかばから６０年代なかばにかけての10年間くらい。アメリカやソ連（当時）が原爆や水爆の実験をばんばんや

ってた。狂気の時代だよ

各国の核実験の歴史を見たことがありますけど、すごいことしてましたよね

僕たちが子どもの頃は、ストロンチウムが降ってくるから、雨にあたるとハゲるって言われてた

はははは。ハゲませんでしたねぇ

この時期には、ストロンチウム90のほかにセシウム137やプルトニウムも世界中に降った。日本では気象研究所が50年以上観測し続けていて、放射性物質がどれくらい降ったかの記録があるよ。それによると、いちばんたくさん降ったのが1963年6月。当時僕は4歳だな

50年も観測し続けてるなんて！

世界でいちばん長く続いてる貴重な観測だよ。東日本大震災の直後に観測の予算が止められたんだけど、気象研は測り続けた。今はまた予算がついてる

よかった。でも、そのころに降ったのが今も残ってるなんて、今回事故が起こるまで知らなかったですよ

世界の大気圏内核実験の数

50年以前	9回
51-55年	83回
56-60年	172回
61-65年	179回
66年以降	32回

(UNSCEAR 2000年報告書を参考にした)

どれも半減期が長いから、その頃に降ったものがまだ地面に残ってる。精密に調べれば、全国どこの地面からでもプルトニウムが検出されるはずだよ

原発から離れたところで採れたキノコからセシウムが検出されるという騒ぎもありました

十和田とか山梨とかね。あれも、昔降った放射性セシウムをキノコが取り込んでるみたい。調べてみると、やっぱり震災前からキノコのセシウムは検出されてる

昔降ったものかどうかなんて、どうしてわかるの？

原発事故で出た放射性セシウムなら、セシウム１３４とセシウム１３７が混じっているじゃないですか

はい

セシウム１３４は半減期が短いから、検出されればそれは最近のものだとわかる。逆に、キノコからセシウム１３７だけが検出されたら、それは古いもの

なるほど、そうか

どんな同位体がどれくらいあるかで、時代がわかったり、由来がわかったりするのですよ。

プルトニウムもそう

プルトニウムはどうやって昔のと区別するんですか？

核爆弾から出るプルトニウムと、原発から出るプルトニウムは、同位体の比率がそもそも違うのね。原発のプルトニウムは、そのままでは核爆弾に使えない

え、そうなんだ。そのままでは使えないんだ

今回の事故では、原発から出たプルトニウムが、原発のごく近くでだけ検出されてる。ごく微量で、量を測っただけでは核実験時代のものと区別がつかないくらいなんだけど、同位体の比率を調べたら、原発から出たものだとわかったんだ。半減期88年のプルトニウム２３８の割合が、核実験のものよりずっと多かった

ふうん、たしかに２万４０００年よりかなり短い。でも、核実験の時代にそれだけたくさんの放射性物質が降ってたら、野菜とかもやっぱり汚染されたんですよね。その頃って問題になってたのかなあ

１９６３年にはセシウム１３７もストロンチウム90も、毎日２ベクレルとか３ベクレルとか食べてたみたいだよ。このとき食べたストロンチウム90は、僕らのからだの中にまだ残ってるはず

今もまだからだに……

まだ半減期が２回も経ってないからね。いったん骨に取り込まれたストロンチウム90は排

出されにくいから、僕の骨にも小峰さんの骨にもまだ残っているはずだよ

かわいそうなわたしたちの子ども時代。とにかく、原発事故が起きて、核実験時代の放射性物質がまだいたるところに残っていることに改めて気づかされましたね

大気圏内核実験の時代っていうのは、やっぱり世界中が狂ってたんだと思う

8 まわりにある放射線——自然放射線のこと

自然放射線は地質によって変わるという話がありましたが

岩の種類によって、中にある放射性物質の量が違うんだよ。さっきも言ったように、**花崗岩の多い西日本の自然放射線量はもともと高めで、東日本は低め**なんだ

同じ日本でも、地域によって年間1ミリシーベルトくらいの被ばく量の差がありますね

西日本でも山口とか広島は特に自然放射線が強い。東日本と西日本では、年間1ミリシー

ベルトとは言わないまでも、０・５ミリシーベルトくらいは違う。**外国に行けば、日本より年間１ミリシーベルトくらい多いところはざらにある**よ

ヨーロッパはけっこう高いですよね

要するに、引っ越すだけで年間１ミリシーベルトくらい違うことはいくらでもあるわけ。もちろん、自然放射線の差くらいは気にしなくていいと思うけどね。ビルに使われてる花崗岩や大理石から放射線が出るから、街の中にも放射線が高めのところがあるよ

そういえば、「銀座にホットスポットがある」ってネットで見たよ。たしか、大理石が使われてるデパートだったかな

高めといっても０・１マイクロシーベルト毎時とかかな

それほど高いってわけではないのね

東京の自然放射線がだいたい０・０５マイクロシーベルト毎時くらいだから、倍くらいかなあ。山口市あたりとおんなじ程度だよね

ゼロっていう場所はないわけですね

ゼロはないよ。どの地面にも放射性カリウムはあるし、宇宙線も降っているし。**宇宙線による被ばくは、どこでも年に０・３ミリシーベルトくらい**

宇宙線って、ちょっとロマンを感じる言葉だけど

ロマンも被ばくもあります。飛行機に乗ると宇宙線による被ばくが増えて、東京・ニューヨーク往復で200マイクロシーベルトくらいだって。国際宇宙ステーションに乗ると、1日で1ミリシーベルトらしいよ

1日で！　宇宙って、放射線がいっぱいなのか。ところで宇宙線って、そもそもなんなんですか？

宇宙空間を勢いよく飛んでる粒子だけど、ほとんどは陽子

陽子！　宇宙は陽子でいっぱい？

恒星がだんだん歳をとって、最後に爆発して超新星になるときに出るって言われてる

へえーっ。超新星の名残りが飛び交っていると

遠くから飛んでくるんだよ。太陽からもやってくるし。地球に降ってくると、空気に当たってほかのいろいろな放射線ができたりするし、炭素14も宇宙線が空気に当たってできる。

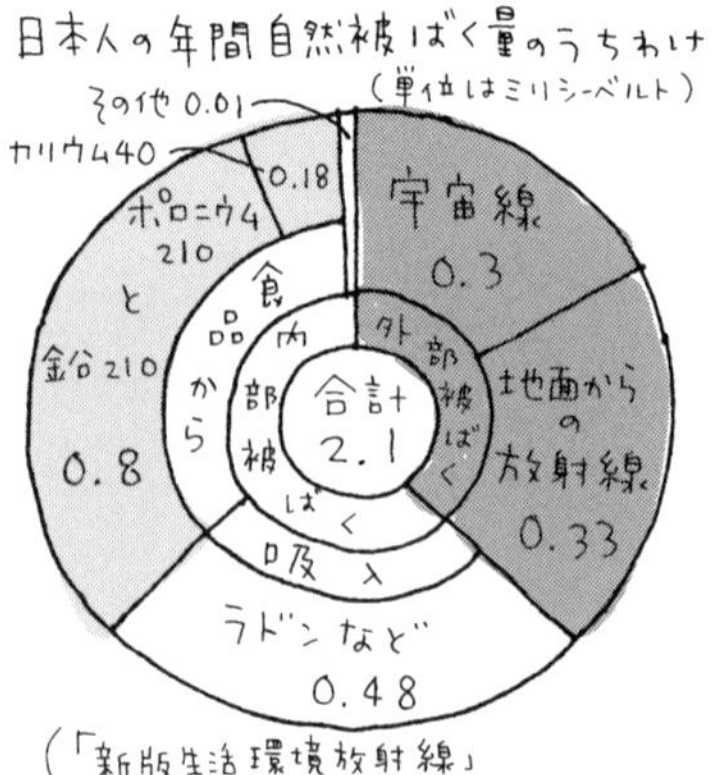

（「新版生活環境放射線」原子力安全協会より）

いろいろっていうのは、別の陽子とか中性子とか電子とかミューオンとか……

うわぁー、これ以上新しい単語を出さないでください！　とにかく、宇宙からもある程度の放射線が飛んできてて、土地によって土や岩から出ている放射線量には差があると

前に言ったように、自然放射線による被ばくは、日本の平均だと、外部被ばくがだいたい年に０・６ミリシーベルトくらいで、ラドンも含めた内部被ばくが年に１・５ミリシーベルトくらい

今までの話以外で、なにか知っておいたほうがいいことってありますか？

雨が降ると一時的に空間線量率が上がるので、びっくりしないように、とか

上がるのはどうしてですか？

空気中を漂っているラドン２２２が、雨といっしょに落ちてくるんだけど、ラドン２２２が崩壊してできる鉛２１４やビスマス２１４がγ線を出すんだ

ビスマス。また新たな敵が

どちらも半減期は20分とか30分とかだから、すぐに消えるよ

みじかっ！

だから、**雨が降ったときだけ、一時的に空間線量率が高くなるのね。これは日常的な現象**

「セシウムの雨」じゃなくて、自然現象なんですね

9 除染してわかったこと

私の実家は市内でも放射線量が高い地域で、除染前は年間10ミリシーベルトくらいと言われてました。気になって家の中や庭の放射線量をこれまでに4回測って、そのうち除染前と後の2回の数字を見取り図に書きました

空間線量率の測定って、それなりにちゃんとやろうと思うと結構大変だよね

毎回同じシンチレーションカウンターを使って測りました。それで、実際に測ってみるとわかるのですが、同じ場所で続けて測っても数値にばらつきがでるんです

カウンターにはいってくるγ線の数はその時によって違うから

それで、30秒間測るのを5回繰り返して、その平均値をだしました

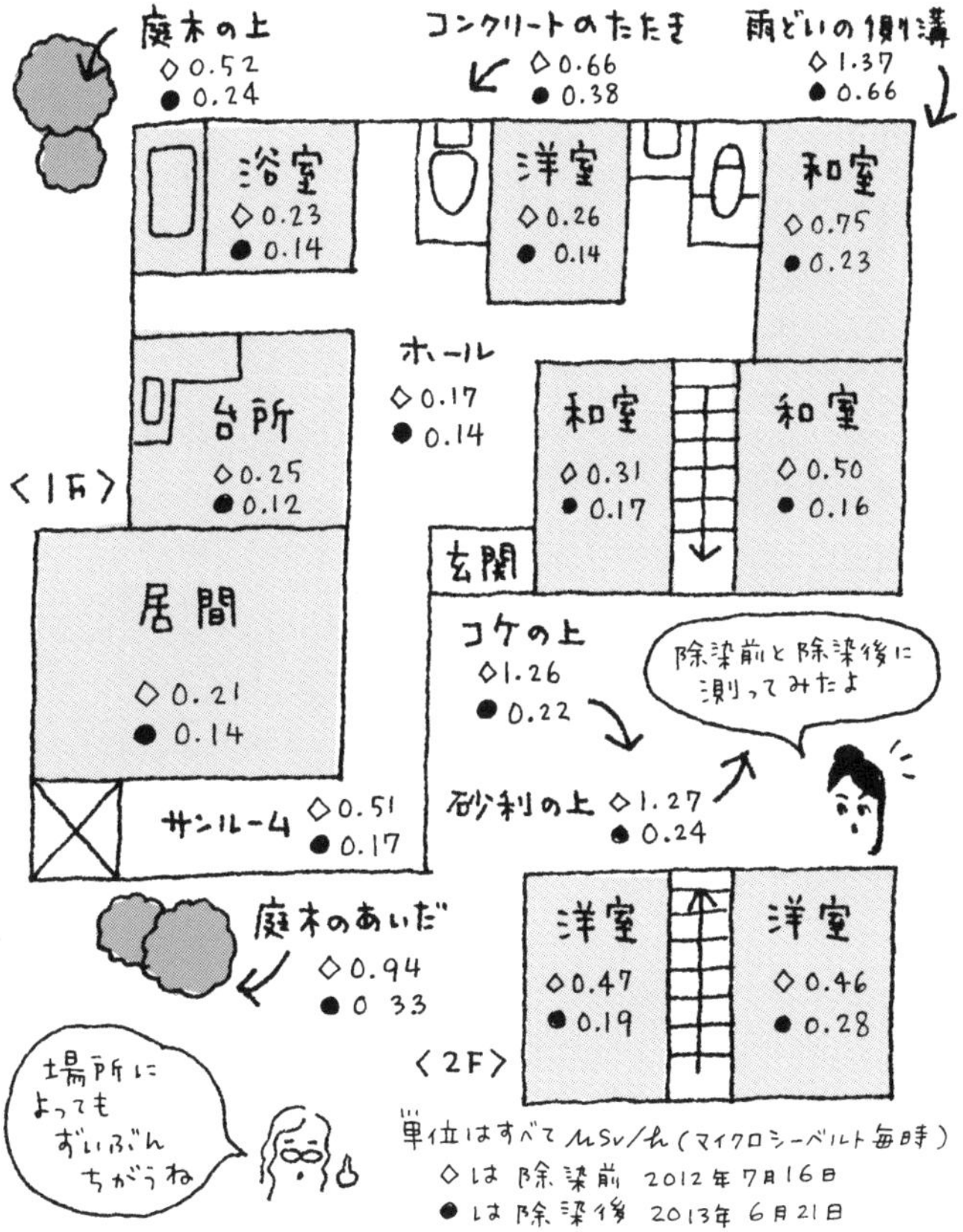
庭木の上
◇0.52
●0.24
コンクリートのたたき
◇0.66
●0.38
雨どいの側溝
◇1.37
●0.66
浴室
◇0.23
●0.14
洋室
◇0.26
●0.14
和室
◇0.75
●0.23
ホール
◇0.17
●0.14
台所
◇0.25
●0.12
和室
◇0.31
●0.17
和室
◇0.50
●0.16
〈1F〉
玄関
居間
◇0.21
●0.14
コケの上
◇1.26
●0.22
除染前と除染後に
測ってみたよ
砂利の上 ◇1.27
●0.24
サンルーム ◇0.51
●0.17
庭木のあいだ
◇0.94
●0 33
洋室
◇0.47
●0.19
洋室
◇0.46
●0.28
〈2F〉
場所に
よっても
ずいぶん
ちがうね
単位はすべてμSv/h（マイクロシーベルト毎時）
◇は除染前　2012年7月16日
●は除染後　2013年6月21日

見取り図に載せたのはその平均値だね

実は30カ所も測っていて、それだけ測ると2時間ちょっとかかりました

それはひと仕事だ。除染は郡山市がしてくれたんだね

はい。２０１３年6月に4日間かけて。事故から2年以上たってるけど、それでも郡山の中では早いほうでした。市内を線量で区分けして、高い地域から除染しています。雨樋の下に超ホットスポットがあるのは、除染のときにわかりました

それまでは気がつかなかったの？

実はその雨樋の近くの部屋だけ数値が高かったのだけど、どうしてなのかわからなかったんです。雨樋の下の溝が土で埋まってしまってたので、目が行かなかったんだと思うんですよ。その辺りの表面はなんと7マイクロシーベルト毎時超えでした。高さ１メートルでも１マイクロシーベルト毎時以上ありました

建物の構造のせいで放射性セシウムが溜まりやすい場所ってあるよね。除染って具体的にはなにをしたの？

自治体によって違うらしいですが、郡山市の場合は、まずは常緑樹の刈り込みや枝落としをして、植物についた放射性物質を取る。屋根と壁は何もしませんでした。メインは庭の

表土を剥いで、新たな土を入れること、あとはコンクリートのタタキなどの洗浄です

剥いだ土はどうしたの？

1立方メートルくらいの袋にどんどん入れていって、庭に5×4メートルの穴を掘って、埋めたんです。ざっと16袋。保管する場所が決まるまでの当面の措置ということで……

巨大な穴を掘ったんだ

はい。重機でどぉーんと穴を掘って、剥いだ土の入った袋をそこにだあっと並べて、上から土をかけて。掘ったところはわかるように目印の杭が打ってあります。剥いだ土は、庭に置いておくか地中に埋めるかの二択なんですけど、どっちの保管方法にするかは、除染の担当者と相談して決めました。埋めるほうを選ぶ家庭が多いみたい

剥いだあとはどうしたの？

できるだけ元に近い形にしてくれます。土だったところは山砂を敷き詰めて、砂利だったところには砂利を入れてくれました。砂利も3種類から選べました

土をかぶせれば、さらに遮蔽されて、放射線量も下がるね。屋根や壁はどうしてやらなかったの？

福島市ではやってたところもあったようだけど、郡山市ではやりませんでした。モデル除

染地区で屋根や壁を洗ってもあまり効果がなかったということです。屋根の表面の線量がわずかに下がりはしても、その下の部屋の数値は変わらなかったって。もっと早い段階なら効果があったと思うんですけど、台風がいくつも来たり、大雨が降ったりしてますから

なるほどね。台風より強力な洗浄機はなかなかないか

はい。それでね、庭の土は、空間線量率を見ながら5センチくらいまで剝ぐことになってたんです

それより少なくても効果があるとしたら、処理する土も少なくて済むからね

そうなんですよね、埋める穴も小さくて済むし。私は除染中も空間線量率をシンチレーションカウンターで計測しまくっていました。で、5センチ剝いでも下がらないところがあったんです。それで業者さんに「あと1センチ削ってみてください」ってお願いしたら、「じゃあ試しにちょっと」という感じで剝いでくれて。そしたらぐっと下がったんです。そこは粘土質のところでした

1センチ余計に剝ぐだけで大きく変わったりする場所もあるわけか。一律にとはいかないんだな

そうなんですね、ちょうど「表面汚染密度」を測る機器を持った方が計測に来てたので、

「ここは高いな」って一緒に調べてくれて。作業してる方たちも「おーっ、下がった下がった」と効果を目の当たりにできて盛り上がりました

その場で効果がわかるのはいいね

はい、庭でかなり数値が高かった場所のひとつはコケが生えてるところで、除染前は1マイクロシーベルト毎時以上もありました。でもそのコケにセシウムがくっついてたみたいで、コケを取っただけで、すごく下がりました。除染2カ月後の測定では0・17マイクロシーベルト毎時でした

それはずいぶん効果があったね

あと、コンクリートのたたきはでっかいブラシが回転するみたいな洗浄機で洗うんだけど、洗った水はどうするのかなと思ったら、使った水を端から吸引していくんですよ。せっかく除染した庭に汚染水が漏れ出ないように

歯医者さんで歯を削るときの、水をかけながら吸い取るみたいな？

そうそう、あの方式です。大きな水のタンクを積んだトラックが来ました。そういう汚染水や、除染後の土をどうするかという問題はまだまだこれからですね。まわりの除染も進んで、今はこの測定値よりさらに下がっています。これからも定期的に測定は続けたいと

思ってます

10 放射線とわたしたち

東京電力福島第一原発事故以降、放射線の不安がしばらく消えない世の中になってしまいました。だいぶ落ち着いてきたとは思うのですが

受け止めかたは人それぞれだよね

避難区域や食品のことや除染の目標の数値とか行政が決めたことも、これでは緩すぎる、という人もいれば、諸外国に比べて厳しいという人も。一体どれを信じればいいのかな？っていうのは誰もが思ってるんじゃないかな

結局、そういった数値はどれもがんになるリスクの大きさに関係あるんだけど

国際的な基準もあるんですよね？

そうだね、まずそれをチェックしておきましょう

はい。さっきも出てきたＩＣＲＰっていうのは

国際放射線防護委員会のこと。どこかの国の機関でも国連の機関でもない団体だけど、放射線防護の専門家が集まった組織で、ＩＣＲＰの勧告は世界中で安全基準の基礎になっている。もともとは１９２８年にできたＸ線の防護のための委員会から始まったもので、長い歴史のある組織だよ

ずいぶん古いんですね

この組織が放射線防護のための勧告を出していて、日本もそれを法律に取り入れている。いちばん最近の勧告は２００７年に出たもの

７年前か

チェルノブイリの経験も取り入れられているし、原爆で被爆した人たちのデータも、新しいものが取り入れられている。それから、さっきも言ったように、社会の変化とか——

クオリティ・オブ・ライフとかですね

そう。実は福島第一原発事故の時点では、日本はその最新勧告を法律にまだ取り入れてなかったんだ。ていうか、困ったことに、いまだにきちんとは取り入れられていない

遅れてるんですね

でも、福島第一原発事故への対応では２００７年の勧告が部分的に使われたから

たとえば

最初に避難基準として、年間の被ばく量が20ミリシーベルトを超えるところは避難するってことになったじゃないですか

はい

20ミリシーベルトという数字は、ＩＣＲＰの２００７年勧告から持ってきたものなのね

この20ミリシーベルトという数字をどう考えればいいのでしょうか？

文字通りに受け取るなら、20ミリシーベルト被ばくすると、生涯のがんのリスクが０・１パーセント増えるし、そういう場所に５年住むと合計が１００ミリシーベルトになるから、リスクも０・５パーセント増える

ふーん、20ミリシーベルトでは０・１パーセントなのか。もしその場所の放射線量が20ミリシーベルトのままなら、５年住めば０・５パーセントになるってことですね

１ミリシーベルト余計に被ばくするだけでもリスクが０・００５パーセント増えると考える。といっても、さっきも言ったように、そんな小さなリスクが正しいか正しくないかな

んて、本当はわからないんだよ。被ばくと関係ないがんのほうが圧倒的に多いからね。ただ、そう考えて対策を立てるのがいいだろうということ

ふーん。今度は年間20ミリシーベルト以下であれば健康に大きな影響はないという方針がまとめられましたけど、その基準は長く住むことを考えての数値？

もちろん除染したり被ばくを減らしたりしながらだよ

自然にもだんだん減っていくんですものね

ICRPは平常レベルっていうか、毎年その程度までなら仕方ないかな、みたいなレベルを設定していて、それが年間1ミリシーベルト

新聞などでときどき「安全寄りの見積もり」という言葉を見ます。これは、被ばく量がはっきりしないときには「多め」に見積もって、より安全に防護しましょうという意味なのですが、ときどき逆の意味にとられて、被ばく量を少なく見積もって安全に見せかけていると誤解されることがあるようです。マスコミや科学者は、こういう一般の人になじみのない表現をあまり使わないほうがいいのだろうと思います。

年間1ミリシーベルトっていうのはよく聞くんですが、これは自然放射線量以外で、ってことですよね。自然放射線量がこれより高いところもありますもんね？

それはだいじなポイント。**自然放射線による被ばくは考えずに、それ以外の被ばくが年間1ミリシーベルトまで**、っていうこと。前にも話したように、日本では自然放射線とラドンやポロニウムによる内部被ばくで、平均すると年に2・1ミリシーベルト被ばくしている。それは自然な被ばくだから気にしても仕方ないよね。それから、**医療による被ばくも除いている**よ

CTの検査とかレントゲンとか

CTやX線で被ばくすると、がんのリスクも上がるかもしれないけれど、それを上回るメリットがあると考えられるから、別扱いにする

検査によって被ばくしても、病気が見つかるメリットのほうが大きいっていう考えですね

もっとも、日本の病院はCTやX線を撮りすぎてるっていう意見も根強い。必要なら撮るべきだし、不必要にたくさん撮るのはよくないとしか言いようがないな

歯医者さんに行くと、まずレントゲン撮られますからねー

昔はそんなに撮らなかったと思うんだけど、あれで虫歯も歯槽膿漏も見つかるからな

検査の意味はあるってことですね

とにかく、地中から出る自然放射線や食べものに普通に入っている放射性物質からの被ばくは避けようがないし、医療用はメリットがあるからいいだろうと。自然でもないしメリットもない放射線による被ばくは年間1ミリシーベルトまでにしておこうということだね。要するに50年間生きていると、50ミリシーベルトになる

それくらいは仕方がないっていう考え方でしょうか。50年という長さで考えると、けっこう微妙だなあ。微妙な話ばかりですね

通常のレベルということは、それがずっと続くかもしれないと考えるわけだよね。それが50年で50ミリシーベルトなら、まあ許容できるんじゃないかと考えられてる。もちろん、ＩＣＲＰの勧告の基本方針は、「余分な被ばくは避けるに越したことはない」なんだ。でも、**そのために無理しすぎて、かえってほかのリスクが増えてもよくない**から、このくらいまでは許容できるという数字を決めているわけ

そうか。私の父はがんが原因で死んだんですけど……なんかね、がんになることと、がんで死ぬことって、そういう小さい確率ではなくて、「がんか、がんじゃないかはふたつにひとつ、つまり2分の1」とか、ざっくりした確率でしかイメージできないんですよ

それってさ、リスクを考えるときのだいじな問題だよね

結局がんになるかならないか、どっちかだって思ってしまう

100ミリシーベルト被ばくしたらがんで死ぬ確率が0・5パーセント増えるという数字は理解できても、それをどう受け止めるか。**2人に1人ががんにかかり、3人に1人ががんで死ぬ時代に、その確率が0・5パーセント増えるのをどう思うか**だよね

私の友人に、西日本の牛乳しか飲まず、野菜は無農薬でっていう、食品に気をつけてる人がいるんだけど、タバコはガンガン吸ってて。リスクの考え方って、人それぞれだなあって思う

今、いちばんきちんと検査されてる牛乳は福島産じゃないかなあ

そうかもしれないですね。まあ、美味しそうにタバコを吸ってるから、人それぞれでいいんだけど、タバコの害は明らかなのに、それは気にしないの？っていう素朴な疑問が

喫煙者はそうじゃない人よりも寿命が10年短いというデータがあってね

10年はでかい

それは肺がんに限らないわけ。ほかの病気もあるだろうし、いろいろとりまぜて10年短いという結果が、イギリス男性医師4万5000人を60年間追跡調査した研究で出ていてね。

実はさっきから話してる原爆被爆者の追跡調査データからも同じような結果が出ている

そうなんだ……タバコ……

もちろん、どのリスクを気にするかは人それぞれなんだけど、たとえばタバコを吸ってる人が放射線リスクに敏感になるのは無駄かもしれないと思うじゃない

タバコは嗜好品だから、そのリスクを知った上で自分の意志で吸う分にはかまわない、でも空から降ってくる放射性物質のリスクは許せない……そのあたりの感覚はわかります

許せないという気持ちはわかるよ

昔はそんなに気にならなかったけど、最近タバコの煙が苦手になりました。好きなバーがあるんだけど、そこは禁煙じゃないのでものすごい煙で、覚悟して行きます

タバコは置いておくとして、100ミリシーベルトよけいに被ばくすると、がんの危険性が0・5パーセント増えるから、行政としては対策を考えなくてはならないだろうね。いっぽう、年間1ミリシーベルト増える程度なら、これをさらに下げようとがんばっても、努力に見合うほどリスクが小さくはならない。それなら、無理しないほうがいいんじゃないか、というところだね

無理しないっていうのは、個人の問題も社会全体の問題も含めてってことですね

そうだね。もうひとつだいじなのは、**年間1ミリシーベルトって、自然放射線の地域差くらい**じゃないですか。それを気にするのは、ちょっと気にしすぎだと思う

1ミリシーベルトって数字はそのくらいだぞ、と

これまでは、考える必要がなかったから、気になるのもしかたないよね。でも、このくらい小さなリスクなら、気にしないで暮らすほうがいいと思うな

いま問題になっているのは、平時の場合と緊急時の場合の違いをどう考えるかですよね

おおざっぱに言うなら、被ばく量が年間1ミリシーベルトと、20ミリシーベルトのあいだにある地域だね

1と20ではずいぶん差がありますね

震災後に学校を再開していい基準として出てきた年間20ミリシーベルトというのは、この数字なんだ

20ミリシーベルトは多過ぎるって問題になったのもわかるな

ＩＣＲＰは、緊急事態と平時のあいだを「現存被ばく状況」って呼んでる。まさに今のように、事故で放射性物質が散らばってしまったあとのような状況だね。復興に向かっているのだけれど、平時よりは多く被ばくしてしまうという状態かな

年間1ミリシーベルトなら気にならなくても、5ミリシーベルトとか10ミリシーベルトとか言われたら避難したほうがいいのかどうか迷う人って、少なくないでしょうね。特に小さい子どもがいたら切実だと思う

受け止め方はそれぞれの判断なんだけど。この状況についてＩＣＲＰが言ってるのは、**住み続けたいと思う人は、無理なくできる範囲で被ばくを減らしながら、少し注意して住めばいい**よっていう感じ

住みたいという気持ちをだいじにするっていうことか。でも、無理なくできる範囲でっていうのは意外に難しいかもしれない

被ばくを減らすことばかりに気を使うと、生活が大変になりすぎたり、かえってほかのリスクが増えたりするから、がんばりすぎるのもよくないでしょ。ずっと年間1ミリシーベルトなら50年間で50ミリシーベルトになるけど、たとえばその中に年間5ミリシーベルトの年が1年あったら、46年間で50ミリシーベルトになるわけじゃないですか

長いスパンで考えなくちゃいけないってことかな

実際には、被ばく量が年間5ミリシーベルトに達するような人はすごく少ないことがわかってきたけどね

ＩＣＲＰの区分では、放射線事故が続いている状況を「緊急時被ばく状況」、事故は終わっているが放射性物質が残っている状況を「現存被ばく状況」、平常時と思っていい状態を「計画被ばく状況」と呼びます。

ＩＣＲＰは現存被ばく状況でどういう対策をとるのがいいかについて、かなり具体的な提言をしています。それによると、年間の被ばく量1ミリシーベルトから20ミリシーベルトの間に「参考レベル」という数値を設定します。参考レベルを超える量の被ばくをしている人に対して重点的に除染や生活改善などの対策を取り、対象地域の住民全員が年間被ばく量1ミリシーベルト以下になるまで参考レベルを段階的に下げていきます。

参考レベルは住民と行政が話し合って決めることや行政が住民を支援することなども提言されています。今の日本の行政がその精神にきちんと沿っているかというと、疑問なところもあります。

私、最初の頃は、外で測った線量だけで考えてたけど、一日中外にいるわけじゃないから、単純に屋外の線量計の数値で被ばく量は出せないんですよね。さっきのテレビ局の人たちのデータを見ても

政府の基準は、1日8時間外にいて室内に16時間いるとして単純に計算して決めてるんだ。だけど、場所によって空間線量もずいぶん違うし、実際の被ばく量を積算線量計で測ってみると、空間線量から予想するよりもずいぶん少なくなるみたい。それに、さっきも言ったように、コンクリートの校舎の中は線量が低いから、学校に通っている子どもの被ばく量はだいぶ少ないことがわかっている

先日、ある講演会に行ったら、講師の人が、子どもたちの場合、学校の除染も進んでいるし、通学路なら、除染がだいたい終わっている。それにもし高めでも、通学は往復20分くらいのこと。だから、これからだいじなのは、子どもが長い時間を過ごす家の数値を低く抑えることだと言ってました。やっぱり、長時間過ごす場所がポイントなんですね

リビングや寝室を、線量の低い部屋に移すとかね

セシウムも、雨とか風とかで流されるから、物理的半減期より減り方が速いらしいですね

もともとセシウム１３４とセシウム１３７が同じくらい降ってきて、１３４の半減期が２年だから、何もしなくても放射線量は３年で半分になる計算だったんだ。でも、雨や雪や風のおかげで、それより速く減ってる。セシウム１３４が減ったあとは、半減期30年の１３７が残るけど、それでも半減期より速いペースで減るだろうね

問題は、不安の減り方がセシウムの減り方ほど速くないということでしょうか

安心材料はずいぶんそろってきたけどね

福島県内で家庭の食事の調査をしても、今では放射性物質はほぼ検出されませんね

福島県産の食品も安心して食べられるよ

これは生産者のみなさんの努力が大きいですね

とはいえ、1ミリシーベルトから20ミリシーベルトまでの範囲って、特に気持ちの上で難しい場所なんだと思う

「避難しなさい」と言われたらいっそ楽だ、という人もいるかもしれない。慣れてしまうのが嫌だ、という人も。いや、「さすけね」っていう人も。「さすけね」って、福島の言葉で「差し支えない」っていう意味ですけど

それこそ、考え方や感じ方は人それぞれだろうね

避難しても、住み慣れないところで暮らすのは、それはそれでリスクがありますからね。私の父は、長年暮らしてきた福島の土地への愛着が強かったんですよ。そんな人にとっては、生まれ育った土地から離れるのはかなりつらいことだと思う。見慣れた山を見上げて元気が出る、みたいな感覚って、都会の人には理解しにくいかもしれない

数値だけじゃないよね。むしろ、そういう**数値じゃないいろんなこととの兼ね合いで、どうするかを選んでいくのが、1から20ミリシーベルトの範囲**なんだと思う。ただし、普通の状況じゃないから、被ばくには気をつけて暮らしましょう、ということになっている

何をだいじにして生きていくかを考える、ということでもありますよね。そういうときに、家族や友人で考えが違ってしまうと、難しい

そうだね。それぞれが何をだいじにして、どう選ぶか。もちろん、年間10ミリシーベルトや20ミリシーベルトの状況がいつまでも続くと想定しているわけではなくて、**長期目標として、いずれは年間1ミリシーベルト以下の通常レベルにしなくちゃならない**。実際には、今だって、外部被ばくと内部被ばくを合わせて、自然被ばく以外の余分な被ばくが年間1ミリシーベルトを超える人はすごく少ないんだけどね

2013年5月に有志で福島県富岡町を訪ねました

郡山で「放射線計測勉強会」というマニアックな会があって、その後に

富岡はその2カ月前までは立ち入ることのできない場所だっただけに、津波の被害もそのままで、時間が止まったみたいでした

3月末に区分けが変わって、駅前は避難指示解除準備区域に指定されたので、行けるよう

になったんだけど、駅舎も津波に流されたまま

言葉を失うくらいショックでした。いろんな数字とか基準とかリスクとか、これを目の前にしてどう考えればいいのか、わからなくなりました。もう、生活全部が、これまでの営みがすべて停止してしまった

放射能汚染がなければ、とっくに復興が始まっていたのだろうけどね

案内してくださった現地の方の奥さまも避難以来、家を見に行く気になれないでいるようでした。やはり、放射線への不安は大きいということ、復興と一言で言ってしまえない難しさを感じました。途方にくれるというか、呆然としてしまった

避難指示が解除されたからといって、すぐに人が戻ってこられる状況ではないよね

病院も銀行もガソリンスタンドもお店もない

道1本隔てた先に、バリケードで封鎖された帰還困難区域があったり、放射線量だけで避難指示が出たり解除されたりするのはなんと不条理なのだろうと思った

報道などからではわかり得ないことを、実際に行ってみて感じました。街がまるまる失われるというのはどういうことなのかって

私が考えるリスク

小峰公子

父ががんで他界したのは震災から半年後でした。あのころは原発事故の被害で、私達は故郷を失くしたと思っていました。意識が混濁しても「郡山に帰る」と言っていた父に、「落ち着いたら帰ろうね、きっとまた住めるよ」と希望の言葉をかけられなかったことが、今でも残念です。今ならはっきり言えるのに。「除染もしたし、また住もうね」と。直接の死因は震災や事故じゃなくても、故郷への失意のうちに亡くなった方々のことを思うと、心が砕けそうになります。

父は飛行機が嫌いでした。理由は「落ちると死ぬ」から。友人から近隣の海外ツアーに誘われても決して行こうとしなかったし、北海道に行くにもブルートレインでした。もちろん、航空機事故による死亡率が自動車事故よりはるかに少ないということはわかっていたと思います。で、私はそんな父を見て思っていました。「もしかして事故で死ぬかもしれないけど、海外に行ったら日本では味わえない楽しみがきっとある。楽しみのほうが魅力的だったらそっちを選ぶ。リスクを怖がっていては、未知の楽しみには出会えない。大きいリスクを払ってでも得たいヨロコビってのがある」と。でもどっちに魅力を感じるかは人それぞれです。飛行機に乗って生きた心地がしないくらいなら自分のうちのベッドで安心して寝ているほうがいい、という人に無理やり搭乗券をもたせるようなことはしちゃいかん、と思います。きっと旅を楽しめないだろうから。父はがんだとわかってからは「一度くらいは飛行機に乗りたい、雲の上を見たい」と言っていました。もう寿命が尽きそうだと思った時には飛行機が怖くなくなったようです。残念ながら飛行機での旅は叶えてあげられませんでしたが。

私はお酒を結構飲みます。おいしいお酒と大好きな友人たちと過ごす時間は私のタカラですから、胃や肝臓に負担かかってるなあと思うけどつい飲んじゃう。

タバコは吸わない。試したことは何度かあるけど、翌日まで舌が変な味で食べ物も美味しく感じなかった。箱にはっきりと「あなたの健康を損なうおそれがあります」と書いてあるけど、タバコが好きな人はそれよりも大きい楽しみを感じるんでしょうね。おいしそうに吸ってるのをみると、ちょっとうらやましい時があります。(でも受動喫煙させないでほしいな。)

家で食べる野菜は子供が生まれてからずっと週イチで届く宅配の無・低農薬野菜です。

農薬が心配というよりは、おいしいから続けています。難点は価格が高いことだけど、今週はどんな野菜が入ってるかな?と箱を開けるワクワクが好き。店頭で見かける輸入野菜も、最近では「契約農家で安心野菜」とか書いてあったりします。ニンニクは中国産が劇的に安いので、青森産と迷います。農薬のことを考えても安い中国産にすることもあるし、青森産を買うこともある。これは気分だな。

「絶対に儲かる」って言われても株はやらない。上がったり下がったりして気をもむことを考えるといや。そういえば父はずっと昔から株をやってました。大儲けも、大損もしたみたい。機嫌の良し悪しで家族は株価がわかりました。

大学入学を機に、私は東京に住みはじめました。東京の水はまずい。空気が悪い。でもそれよりも東京は楽しいことだらけ。魅力的な人がたくさんいて、まずい水にもすぐに慣れてしまいました。

父は手術と入院を繰り返していたので、亡くなるまでの2年ちょっと、東京と郡山を行ったり来たりしていたのですが、「東京いると頭が痛くなる、オラげが一番だ。早く帰りで(帰りたい)」と言ってました。その気持はすごくよくわかりました。いいお天気の昼間、実家の庭の雑草取りなどをして縁側から庭を眺めている父は最高に幸せそうでしたから。もし健康で郡山で震災に遭っていたとしても、たぶん住み慣れた家を離れることはなかったと思います。引っ越ししたら精神的、肉体的ストレスで病気になっちゃったと思います。都会のかたからはなかなか理解されにくいようなのですが、先祖代々の土地を捨てる、愛した土地を離れる、ということに抵抗のあるかたが地方にはたくさんいます。避難地域でなくても、やむなく他の土地に移った、というかたたちもたくさんおられます。これまでの仕事、学校、交友関係などすべてから離れるのはどんなに辛かったことでしょう。でも、目に見えない放射線の被害は経験したことのない恐怖でしたから、それから逃れられるなら、と決断したのでしょう。最近になって実際の被ばく量がどのくらいなのかがわかってから、自主避難から戻られるかたも増えてきたよ、と郡山の友人から聞きました。でも、やりきれない理不尽な思いは、どこで暮らしていてもみな抱えたままだと思います。

実は私たちは、これまでも毎日いろいろな場面でリスクを判断し、共に暮らしてきました。安心や向上心や好みや建て前や損得や怠惰や、そんなものを秤にかけて。なくすことのできない放射線と暮らして行かざるを得ない今は、そのリスクをどう考えるべきか、いろいろな方向から考えていかなければならなくなっています。原発なんてなんで作っちゃったんだろう、その背景を知るほどに、虚しい気持ちになるけれど、悲しんだり怒ったり諦めたりするだけでは、それこそ生活の質そのものがよくはならないでしょう。日々の暮らしはとどまってはいませんし、別の問題とすり替えることもできません。

原発事故のあとに、いろいろな考えを主張する人が出てきて、親しい人でもいろんな考えがあって戸惑ったりしたのは私だけではないと思います。でも人間ってもともと同じ考えの人なんかいない、それは事故のずっと前から。たまたま露呈してしまったけれど、みんな違う考えで当たり前だったはずです。私と父が親子なのに全く違う考えだったみたいに。だから選ぶ道は人それぞれだということも改めて認識したいと思うのです。自分自身で学び、考え、選び、生きていくのは少し難しいかもしれない、少し覚悟は必要かもしれないけれど、自分らしい暮らし方を探していく。そして、それぞれが選んだ道をお互いに尊重しあえる、そんな社会になったらいいなと思うのです。

あとがき

菊池誠

東日本大震災は東北地方に地震と津波による大きな被害をもたらしました。それから、東京電力福島第一原子力発電所の事故が起こりました。津波で失われてしまった町が放射性物質による汚染のために復興にとりかかれない、そんな光景も後に僕たちは目にしています。

原発事故のあと、放射線について友人に聞かれる機会が増えました。小峰公子さんもそうした友人のひとりです。吉良知彦さんと小峰さんのzabadakは、一聴して彼らのものとわかるユニークな音楽を四半世紀も続けてきた稀有なバンドです。その小峰さんの実家が郡山市にあるというので、いろいろな話をしました。物理を教えているとはいえ、放射線とはずっとごぶさただった僕は、あわてて教科書やＩＣＲＰ勧告などを買ってきたのでした。

震災から3ヶ月後、いろんな人たちとガイガーカウンターミーティング（ＧＣＭ）というイベントを開きました。その頃、たくさんの人がガイガーカウンターを手に入れて放射線を測っていましたが、ひどくおかしな測定値もあって混乱していたのです。「放射線をなるべく正しく測ろう」という趣旨で開いたのがＧＣＭでした。おかざき真里さんとは、そのＧＣＭで知り合いました。現代女性の揺れ動く恋愛感情を描くおかざきさんのマンガは繊細で美しく、そしてエロティックです。

いま、放射線の本はたくさん出版されています。でも、書店に行くと、内容の怪しそうなものもずいぶん目に留まります。一般向けにやさしく書かれた本で信頼できるものは少数派のようです。これは困るね、基礎知識をわかりやすく書いた本がもっと欲しいね、ないなら作ってしまおうと小峰さんと話してできたのがこの本です。本文は小峰さんとインターネットを通じて交わしたチャットがもとになっています。おかざきさんに絵を描いていただいて、ちょっと他にはない本になりました。

この本では、今知っておきたい知識に話を限りました。だから、普通の放射線の本なら必ず書いてあるはずの核分裂（原子力発電の原理ですね）やそのときに出る中性子線には触れていませんし、放射線という言葉もα線・β線・γ線の三つに限って使いました。この三つと中性子線は正しく言うなら放射線の中でも電離放射線と呼ばれるものです。ほかにも、わかりやすくするために話を簡単にしたところがたくさんあります。そのかわり、普通の本には出ていないような素朴な疑問にも答えたつもりです。なお、図解イラストは宇田川一美さんにお願いしました。

これを読んで、放射線についてもう少し知りたくなったかたには、次の二冊をお薦めします。
『増補改訂版　家族で語る食卓の放射能汚染』（安斎育郎、同時代社）
『やっかいな放射線と向き合って暮らしていくための基礎知識』（田崎晴明、朝日出版社）

どちらも一般向けにわかりやすく（もちろん、この本よりは難しいけど）書かれたものです。

この本が、これからの暮らしを考えるきっかけになればいいなと思います。

菊池誠（きくち・まこと）——大阪大学サイバーメディアセンター教授。物理学者。専門は計算物理学、統計物理学。ニセ科学問題に関する著述・講演や電子楽器テルミンの演奏も行っている。著書に『信じぬ者は救われる』（共著、かもがわ出版）、『おかしな科学』（共著、楽工社）、『科学と神秘のあいだ』（筑摩書房）、『もうダマされないための「科学」講義』（共著、光文社）、訳書にフィリップ・K・ディック『ニックとグリマング』『メアリと巨人』（後者は共訳、いずれも筑摩書房）などがある。

小峰公子（こみね・こうこ）——作詩家、ミュージシャン。1991年にkarakというユニットで キングレコードよりデビュー。2000年には斎藤ネコカルテットと、アルバム『Palette』をリリース。吉良知彦率いるzabadakとはデビュー当時から活動を共にし、約30作に及ぶアルバムの主な作詩とヴォーカルを担当、2013年、NHK『みんなのうた』で「いのちの記憶」オンエア。TVCMは200曲以上、アニメやゲーム、劇団ひまわり、演劇集団キャラメルボックスなどの演劇作品、『おかあさんといっしょ』『いないいないばあっ!』など幼児番組への作品提供も多数。

おかざき真里（おかざき・まり）——漫画家。多摩美術大学卒業。博報堂在籍中に『バスルーム寓話』で『ぶーけ』新人長編部門第1席を受賞し、集英社デビュー。代表作に『渋谷区円山町』（集英社、2006年映画化）、『彼女が死んじゃった。』（集英社、2004年ドラマ化）、『サプリ』（祥伝社、2006年ドラマ化）、『&』（祥伝社）などがある。3児の母。本書には巻頭マンガのほか、カバー装画、トビラ画、本文イメージ画（20、22、42-43、74、120、126-127、134、142の各頁）、著者アイコンを提供。

いちから聞《き》きたい放射線《ほうしゃせん》のほんとう
いま知《し》っておきたい22の話《はなし》

2014年3月15日　初版第1刷発行
2020年6月5日　初版第6刷発行

著　　者　菊池《きくち》 誠《まこと》＋小峰公子《こみねこうこ》＋おかざき真里《まり》
装　　丁　戸塚泰雄（nu）
図解イラスト　宇田川一美
発 行 者　喜入冬子
発 行 所　株式会社 筑摩書房
東京都台東区蔵前2-5-3
郵便番号　111-8755
電話　03-5687-2601（代表）
印刷・製本　中央精版印刷株式会社

 ISBN 978-4-480-86079-8 C0042